TSUKUBASHOBO-BOOKLET

暮らしのなかの食と農——65

農業経営多角化を担う女性たち

北ドイツの調査から

市田知子・澤野久美 著

Ichida Tomoko, Sawano Kumi

筑波書房ブックレット

目　次

はじめに ……………………………………………………… 市田 知子……4
　（1）家族農業経営の変容 ……………………………………………… 4
　（2）農業経営多角化の実態 …………………………………………… 5
　（3）北ドイツの農業構造と経営多角化の特徴 ……………………… 7
　（4）多角化に対する様々な支援 ……………………………………… 10
　（5）現地調査の概要 …………………………………………………… 12

女性による農業経営の多角化─7つの事例から …… 市田 知子・澤野 久美……15
　アスパラガスのレストラン「メールカマー」（イルゼ・ホグレフェさん）… 15
　定年退職後の民宿経営「ゲルケンホーフ」（ヘンリケ・ヘルムスさん）…… 21
　クランベリー栽培と加工品の販売（ソーニャ・ディーキングさん）……… 26
　畑の中のカフェ「ラントレーベン」（アネッテ・ルンプさん）…………… 33
　子供向けの農家民宿「ブランケンホーフ」（ドロシー・カッペンベルクさん）… 40
　障がい者のための民宿経営（マイケ・ベーレンス・サンドヴォスさん）… 46
　バラ園の中の多世代交流カフェ（ウルリケ・クロールさん）……………… 52

まとめ ………………………………………………………… 澤野 久美……58
　（1）調査事例の総括 …………………………………………………… 58
　（2）日本の農村女性起業との比較 …………………………………… 63
　（3）今後の展望 ………………………………………………………… 67

あとがき ……………………………………………………… 市田 知子……68

はじめに

市田 知子

（1）家族農業経営の変容

　今年2021年は、国連「家族農業の10年」が開始して３年目に当たり
ます。本書が取り上げるドイツでも農業は基本的に家族によって営ま
れていますが、その内実は変化しています。ヨーロッパの国々では戦
後、共通農業政策（CAP: Common Agricultural Policy）の下で農業
の近代化、規模拡大が進み、零細農家の離農、借地による規模拡大が
進みました。ドイツ（旧西ドイツ）の場合、1949年には120万以上を
数えていた10ha未満層は70年までの間に半減し、2013年にはわずか
６万３千となりました。平均経営規模は2016年時点で59ha（旧東ド
イツを含む）です。このように農家数は減少し、平均規模は拡大して
います。

　また、農業労働力全体247万７千人のうち、家族外労働力は39
万４千人、うち季節労働者は27万３千人を数えます。家族労働力が減
少の一途を辿るのに対し、家族外労働力は季節労働者を中心に増える
傾向にあります。初夏の風物詩であるアスパラガスの収穫作業も、そ
の多くは隣国のポーランドから来る季節労働者によって支えられてい
ます。

　一方、経営形態としては、個人経営が減少し、主に税制上の優遇を
受けるための「人的会社」が増えています。**表１**のように依然、個人
経営が大半を占め、特に旧西ドイツ地域では９割を越えています。し
かし近年、その旧西ドイツでさえ個人経営が減少し、代わりにGbR
（Gesellschaft bürgerelichen Rechts：民法上の組合）という、家族等

表1　法人形態別にみた旧東西地域間の経営数、規模の比較（2016年）

		経営数	割合(%)	経営面積(千ha)	割合(%)	平均経営規模(ha)
旧東独						
	個人経営	17,624	71.5	1,518	27.5	86.2
	人的会社（注）	3,366	13.6	1,232	22.3	365.9
	法人	3,670	14.9	2,770	50.2	754.8
小計		24,660	100	5,520	100	223.8
旧西独						
	個人経営	225,880	90.4	9,145	82.3	40.5
	人的会社（注）	22,247	8.9	1,855	16.7	83.4
	法人	1,783	0.7	114	1	64.2
小計		249,910	100	11,114	100	44.5

資料：Land- und Forstwirtschaft, Fischerei Rechtsformen und Erwerbscharakter Agrarstrukturerhebung 2016 より筆者集計。
（注）原語は Personengesellschaft。主として民法上の会社（親子によるパートナーシップ経営など）である。

によるパートナーシップ経営が増える傾向にあります。本書が取り上げた事例にもGbRの経営が含まれます。

　GbRの利点は、設立に際して資本金が不要、2人から設立可能、簿記記帳の義務がないなど、容易に設立できることです。さらに、年間の売上が1万7,500ユーロ（約200万円）以下であるならば売上税を払う必要がありません。農家民宿、レストランなど、経営の多角化に伴い、農業生産部門、加工・販売部門をそれぞれ別個のGbRとして設立する場合もあります。

（2）農業経営多角化の実態

　このように家族農業が変容する一方で、ドイツでは家族経営の維持、存続のために農業経営の多角化（Einkommenskombination）を政策的に進めています。その実態を知るには、連邦政府が3年おきに実施している農業構造調査（Agrarstrukturerhebung）が手掛かりになり

ます。この調査によれば、経営多角化の活動とは、農場内の労働力、
生産手段を用いて、農場で生産された生産物に基づいて行われている
活動、あくまでも「副業」の活動を意味します。したがって、前述の
GbRのように農場から独立した経営として行われている場合は含まれ
ません[1]。具体的には以下のような活動があります。

・健康、美容、教育（2015年調査より追加）
・ワイン製造以外の農産物加工と直接販売（食肉加工、チーズ製造な
　ど）
・ツーリズム：農場内の設備を利用した宿泊提供、レジャー提供
・簡易宿泊設備（Pension）および乗馬用の馬飼育、馬のレンタル
・再生可能エネルギー生産（自家用以外）
・農場内での手工芸品製造（用材による家具製造など）
・木材加工（建築用材、薪など）
・魚介類の生産、養殖
・他の農業経営での労働
・農業以外の労働（たとえば地域の活動）
・林業
・その他

　経営総数276,000のうち、何らかの多角化をしている農業経営は
75,700経営、全体の27％に当たります。規模的には約半数が20～
100haの範囲にあり、平均よりやや大きい傾向にあります。

（1）Statistisches Bundesamt, Methodische Grundlagen der
　　Agrarstrukturerhebung 2016, Fachserie 3 Reihe 2.S.5, Handbuch
　　Agrarstrukturerhebung 2016, pp.40-42。

　活動内容として最も多いのは「再生可能エネルギー」であり、多角化経営全体の46%を占めています。次いで「林業」(25%)、「他の農業経営での労働」(21%)が多く、「農産物加工・販売」は14%、「ツーリズム」は8%に留まります[2]。

　多角化の活動による売上が経営全体の売上に占める割合はどの程度でしょうか。割合別に経営数の分布をみると、「10%未満」が54%、「10〜50%」が31%、「50%以上」が15%となっています。つまり、副業部門の売上が1割にも満たない経営が過半を占めています[3]。

(3) 北ドイツの農業構造と経営多角化の特徴

　さて、本書の舞台は北ドイツです。筆者は2017年4月から翌2018年1月にかけて、勤務する明治大学のサバティカル（在外研究員）制度によりドイツ北部、ニーダーザクセン州、ブラウンシュヴァイク市に滞在しました。フランクフルト空港から鉄道で3時間も北上すれば、車窓には一面に平坦な畑や牧草地が広がります。そのような地形と関連して、平均経営規模は2016年時点で69haと連邦の平均である60haを上回っています[4]。農業経営数は32,720、前述の法人形態別の割合をみると、個人経営の割合は87%と旧西独平均を下回り、逆に人的会社の割合は12%と、旧東独並みです。個人経営のうち、農業収入の割合の方が多い主業経営は60%を占め、連邦平均の47%を上回ってい

---

(2)Statistisches Bundesamt, Einkommenskombinationen Agrarstrukturerhebung 2016, Fachserie 3 Reihe 2.1.7, pp.6-11。複数の副業をもつ経営が含まれることから、合計すると100%を超える。
(3)上掲資料, p.12。
(4)Statistisches Bundesamt, Rechtsformen und Erwerbscharakter Agrarstrukturerhebung 2016, Fachserie 3 Reihe 2.1.5, p.5, p.23。以下、同資料より。

ます。

　総じて南部のバイエルン州などと比べると、ニーダーザクセン州の農業は生産条件に恵まれているため、同州の政府はEU内や国際市場での競争力の維持を第一の目標に掲げています。その一方で、EUの農村振興政策の中で、農家民宿、レストラン、カフェなどの経営多角化、動物福祉に配慮した飼育方法への転換を支援しています。背景には1992年以降、EUの度重なる農政改革によって直接支払い受給の条件となる環境基準が厳しくなっていることがあります。さらに遡れば、1990年の東西統一、冷戦終結以降、それまで旧西独内では価格面で優位にあった北部の州の農産物が、旧東独産や東欧産の安い農産物に押されてきたことがあります。こうして、たとえ大規模経営であっても、消費者とのコミュニケーション、消費者の安全志向や健康志向を意識するようになりました。そのことが価格下落による所得減少を少しでも補うことができると考えているからでもあります。

　ニーダーザクセン州において、多角化している農業経営の割合は25.6%であり、連邦平均（27%）を少し下回ります。図1のように、多角化の活動内容としては連邦全体と同じく「再生可能エネルギー」が最も多く、多角化経営全体の45%を占めています。農家が副業として行う再生可能エネルギー生産の多くは風力発電とバイオガスプラントですが、とりわけ北ドイツでは風力発電が多いという特徴があります。

　また、「簡易宿泊設備および乗馬用馬の飼育」が18%と、比較的多いのも特徴として挙げられます。これは、自分の馬に乗って旅をする乗馬愛好家のみならず、日帰りで乗馬や馬車に乗る体験を楽しみたい人に向けたものであり、ドイツでは近年、人気が高まり、農家の副業部門としても注目されています。少し古い数字ですが、2007年に乗馬

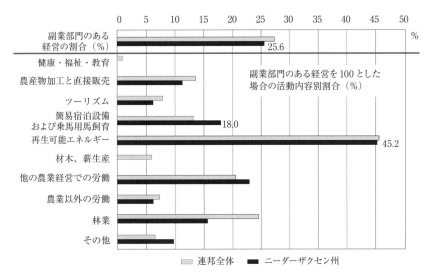

図1 多角化の活動内容別割合の比較（ニーダーザクセン州、連邦全体）

資料：Land- und Forstwirtschaft, Fischerei Einkommenskombinationen Agrarstruktur 2016
より筆者集計。

愛好家に対して行った電話調査によると、直近で訪れた旅行先では
ニーダーザクセン州が群を抜いて多く、全体の4分の1を占めていま
した[5]。乗馬関連のツーリズム提供農場は、客に宿泊提供をする点
では通常の農家民宿と変わりませんが、自分の馬で訪れた客には小屋
や餌を用意し、体験を希望する客には飼育している馬をレンタルして
います。

　余談ながら、筆者が住んでいたブラウンシュヴァイク市にも馬を貸

（5）BTE im Auftrag des Landesamtes für Umwelt, Landwirtschaft und
　　Geologie: Bewertung des Reittourismus in Sachsen, Schriftenreihe des
　　Landesamtes für Umwelt, Landwirtschaft und Geologie, Heft 24/2008,
　　p.43。https://publikationen.sachsen.de/bdb/artikel/14892

し出している農場が何軒かありました。夕方、研究所から自転車で帰る途中、前照灯をつけた馬に乗る人とすれ違うこともありました。

(4) 多角化に対する様々な支援

　農業経営の多角化に対して、ドイツの各州はEUと連邦政府の支援も受けながら経済的な支援を行っています。補助総額の50%はEUの農村地域振興政策予算、つまり共通農業政策の中の、いわゆる「第2の柱」から支出されます。残りの50%のうち30%は連邦政府、20%は州政府が支出することになっていますが、この割合は州によっても、また具体的な施策によって異なるのが実情です。ニーダーザクセン州の場合、州の農村地域振興プログラム（2014～2020年）の中に多角化支援に関する施策が含まれています。プログラムは6つの重点項目に分かれ、その一つである「農業投資助成プログラム」により宿泊提供のための改築、設備投資に対して補助が受けられます[6]。

　このような経済的支援のほかに、農業関係の機関、団体が様々な支援を行っています。特に重要なのは農業会議所（Landwirtschaftskammer）という、会員制の組織です。農業会議所は主に農業者である会員から会費を徴収して指導・助言を行っています。農業者向けの情報提供や指導・助言を行う機関は、ドイツの場合、州によって異なり、南部のバイエルン州、バーデン・ヴュルテンブル

（6）2～100万ユーロの投資額に対し、2～4割の補助が受けられ、40歳未満の若年農業者にはさらなる優遇措置がある。Niedersächsisches Ministerium für Ernährung, Landwirtschaft und Verbraucherschutz, PFEIL Entwicklungsprogramm für die ländlichen Räume in Niedersachsen und Bremen2014-2020 Förderwegweiser, Dezember 2017, pp.19-20。

ク州では州政府の出先機関ですが、ニーダーザクセン州を含む北部の州では農業会議所です。

　たとえばブラウンシュヴァイク市内にある農業会議所の場合、農業技術に関する指導員のほかに、家政の分野の指導員が配置されています。その指導員が日頃、指導をしている農家女性のグループは、冬の農閑期に定期的に勉強会を開いており、経営や政策についても学んでいます。2018年1月、筆者が同行した際には、市郊外にある養鶏農家を訪ねました。そこでは草地内に移動式の鶏舎を設置し、2週間おきに場所を変えていました。鶏（採卵鶏）は、雨の日以外は鶏舎の外に出て、餌をついばみます。移動式鶏舎による養鶏は、EUおよび州による農村振興政策（動物福祉プログラム）の補助が受けられます。そして、採った卵は敷地内にある自動販売機で、スーパーの卵の倍近くの値段で販売していました。参加した農家女性たちは、自動販売機の値段、機械が故障した時にはどうするのか、などを熱心に尋ねていました。食事やお茶の時間には、互いに子供や孫、お嫁さんの話をするなど打ち解けた様子で、「いずこも同じ」という印象をもちました。

　農家女性や女性農業者の置かれている状況は、日本と共通する面も多々、あります。そして、農家、非農家を問わず、農村で暮らす女性のための組織が農村女性連盟（Landfrauenverband）です。本書で紹介する多角化の事例の女性も、この農村女性連盟のつながりを通じて助け合っていました。

　農村女性連盟は連邦規模の組織であり、州単位、市町村単位にそれぞれあります[7]。ニーダーザクセン州の場合は、定期的な会合が月

（7）市町村単位の活動（支部活動）については伊庭治彦「ドイツ農村女性連盟の支部活動に関わる組織管理とガバナンス」（農林業問題研究、53（3）：186-194、2017年）が分析している。

に1回あり、その中には非農家の女性、若い女性も参加しやすいよう
にダンス教室、美容講座、クリスマス用の飾り作りなども用意されて
います。近年、急増するオオカミによる被害防止のための啓発活動も
行っています。背景にメンバーの高齢化や農家人口の減少があるとは
いえ、非農家の女性にも開かれている点は注目に値します。

(5) 現地調査の概要

　2018年1月、日本の農村女性起業を研究している澤野久美さんと一
緒に、ドイツで女性が中心になって多角化を行っている経営を訪ねる
機会を得ました。まず調査地域の選定ですが、農村地域振興のための
LEADERプログラムの調査に際して、とくにことわりがない限り、
何度か訪ねたことのあるアラ・ライネ谷（Aller-Leine Tal）地域を選
びました。そして、同地域のLEADERプログラムのコンサルタント、
ジャネット・キルシュさんから農家カフェ、ファームショップのリス
トを紹介してもらい、その中からアクセスの良さも考慮して何軒か選
び、電話をかけました[8]。また、農家民宿に関しては、同地域の農
村女性連盟の役職経験者であるレナーテ・ローデヴァルトさんから紹
介してもらった農家を一軒一軒、やはり電話で当たりました。結果的
に農家民宿3軒、農家カフェ（レストラン）4軒の経営者から調査に

---

(8) Unsere Hofläden und Hofcafés（私たちのファームショップと農家カ
フェ）
https://urlaub-aller-leine-tal.de/index.php/entdecken/genuss-natur/
regionale-produkte/hofcafes-hoflaeden（2020年11月23日最終閲覧。以下、
本書中で引用するURLは、とくにことわりがない限り、閲覧したもので
ある。）
(9) 富川久美子（2007）『ドイツの農村政策と農家民宿』農林統計協会、山崎
光博（2005）『ドイツのグリーンツーリズム』農林統計協会。

協力していただけることになりました。

　調査方法は訪問面接によるものです。調査票作成にあたっては富川久美子氏の著書および山崎光博氏の著書の、いずれも巻末資料を参考にしました[9]。質問項目を以下に示します。訪問先には事前に調査票のファイルをメールで送っておきました。

１．対象者の氏名、住所、生誕地（農家・非農家の別）
２．経営主および経営：労働力、農地面積・作目、家畜頭数・種類、各生産物の販売割合・出荷先
３．役割分担：農業、家事・育児・介護
４．一日の生活時間と農作業時間
５．副業部門（農家カフェ、ファームショップ、農家民宿）について：開業年、開始理由、家族の中の支援者、行政からの支援の有無（補助金を含む）、サービス内容、接客用の建物の建築方法（改築、新築）、客用の動物の有無、価格、客層
　　（以下、民宿の場合のみ）平均滞在日数、滞在中の過ごし方
６．副業部門に対する自身の考え、評価：利点と欠点、世帯の総所得に占める割合、売上に対する満足度、現時点での課題・計画
７．自身の経歴：学歴、職歴、結婚年、経営委譲年、後継者の有無

　聴き取りはすべてドイツ語で行い、録音をもとに事例毎にまとめました。参考までに訪問調査を行ったアラ・ライネ谷地域の位置を次頁の図２に示しました。

図2 アラ・ライネ谷地域の位置

資料：LEADER-Regionen in Deutschland 2014-2020
https://www.netzwerk-laendlicher-raum.de/fileadmin/SITE_MASTER/
content/bilder/Karten/LEADER_bundesweit_2014-2020_979.png（2020
年11月27日閲覧）。

女性による農業経営の多角化—7つの事例から

市田 知子・澤野 久美

アスパラガスのレストラン「メールカマー」

イルゼ・ホグレフェさん

　2018年1月10日正午過ぎ、ハノーファーから電車で約1時間の距離にあるフェルデン駅に降り立ち、レンタカーで東に40kmほど離れたアイケロー村に向かいました。アラー川を右手に、畑と森の中を走ること1時間弱、目的地のレストラン前に到着しましたが、約束の14時まで1時間以上あります。しばらく車を停めて待っていると、家の中から、中年の女性が現れました。お約束をしていたイルゼ・ホグレフェさんです。「出直します」と言うと、「どうぞ」と、レストランに招き入れてくださいました。1月いっぱいは休業期間のため、真っ暗で誰もいません。テーブルについて1時間半ほどお話をうかがいました。

　「メールカマー」（Mehlkammer）は「粉挽き部屋」を意味し、初夏の味覚である白アスパラガス料理を得意としています。ドイツ語ではシュパーゲル（Spargel）といいます。白アスパラガスは「食べられる象牙」、「白い金」、「野菜の王様」とも称され、健康効果もあることから、ドイツ人は珍重しています。農場に併設したレストラン「メールカマー」を営むイルゼ・ホグレフェさん（以下、イルゼさん）の取り組みを紹介します。

プロフィール

　イルゼさんは1950年、同じ地域の農家に生まれました。1968年まで家政の職業教育を受け、マイスター資格を取得しています。最初の職

業経験は1970年とのことです。1977年に現在の農場に嫁ぎ、夫（1952年生まれ）とともに農業に従事するようになりました。二人の間に1981年生まれの長男がおり、2017年、すなわちイルゼさんの夫が年金受給年齢の65歳に達するのと同時に経営移譲しました。後述のように、長男夫婦は主として馬術競技用の馬の飼育に携わっています。イルゼさんは農業には携わらず、レストランの経営者とシェフを務めています。税制上、利点があることから、農場主である長男から建物を借りている形にしています。

農業経営の概況

　ホグレフェ家では、主に、アスパラガス、サクランボ、ブルーベリーを生産しています。この３品目で24haの面積があります。アスパラガスは、消費者ニーズに合わせて５種類を生産しています。４月〜６月24日までと収穫時期が決められており、旬を味わえる野菜です。アスパラガスの生産には、10〜15人の強靭なポーランド人男性を雇用しています。また、シュパーゲルは、皮むきの調整作業が必要であるため、５〜６月の８週間、地域の女性を１名（毎年同じ人物）雇用しています。市場出荷はしていません。

　一方、ブルーベリー畑は16haあり、３つの品目の中では、最も広い面積を占めています。ブルーベリーの収穫に際しては、ポーランド人の学生約100名を季節的に雇い、３か月間、農場内に寝泊まりさせます。アスパラガス収穫に際しても、主にポーランド人を10名程度、ルーマニア人を数名雇っています。サクランボの収穫は、アスパラガス収穫期終了後の７月から行われます。サクランボとブルーベリーは、経費をかけずに無人直売所にて、１kg単位で販売していますが、サクランボは、生産を増やしているので、今後は市場出荷する可能性も

あるとのことです。

　この他に、56haの畑でライ麦とトウモロコシを輪作しています。ライ麦は市場出荷し、トウモロコシは近隣のバイオガスプラントに販売しています。

　また、長男夫婦は競技用の馬20頭の飼育に携わっています。アイケロー村は昔から良質な馬の産地として知られ、ホグレフェ家も数代にわたり高級牝馬を育ててきました。イルゼさんの夫の父親の代には1964年東京オリンピックに、また、2004年のアテネ大会に、それぞれ馬術競技用の馬を輩出したとのことです。

レストラン開業の経緯

　ホグレフェ家の住宅や農場は、通りを挟んでレストランの向かい側にあります。住宅に隣接して店舗があり、そこではかつて食品、切手、花、プレゼント用の品物などを販売していましたが、だいぶ前にたたみました。

レストランの外観
（2018年1月、澤野撮影）

店舗を営業していた時から、店先でアスパラガスやブルーベリーの直売をしていたこともあり、現在もシーズン中に限り、直売だけは行っています。

　ただし、いずれも収穫期が限られるため、保存用に加工して一年を通じて売ることを考えました。さらに、通りの向かい側にあった隠居小屋（Altenteil）が空いていたことから、改築して飲食を提供することも考えました。この二つがレストラン開業のきっかけとなりました。

　まず、近所でカフェ経営をしている人を訪ね、助言を乞いました。

その人からニーダーザクセン州のLEADERプログラムの情報を得て、さっそくハイデクライス郡役場を訪ね、農家女性向けの農村振興プログラムがあることを知りました。イルゼさんはそのプログラムの申請をし、補助金（25,000ユーロ以上）を受けることができました。この他に融資（5,000ユーロ以下）も受けました。2008年のことです。

　2008年の開業当初はカフェのみで、コーヒーとケーキを提供していました。たまに、パーティーやお祝い会の予約も受けていたそうです。しかし、コーヒーとケーキだけではお客が集まらないことから、農場のアスパラガスを使って温かい料理を提供することを思いつきました。隠居小屋にもともと備わっていた小さいキッチンが手狭になったことから、2008年から翌2009年にかけて、大きいキッチンに改修しました。

　2009年から、調理時間のかかる温かい料理（シュパーゲルの温かい料理やスープ等）を出すようになり、評判になります。最初は少ないメニューから始め、温かい料理は週末しか提供していませんでしたが、温かい料理を求める客が増えてきたため、常時、提供するようになりました。

営業時間・繁忙期など

　レストランの従業員は、調理担当1人、給仕担当2人を含む7人で、全て近隣に住む人々です。現在の営業日は水曜〜日曜日で、店休日は月曜日と火曜日です。1月は、全休です。各曜日の営業時間、提供内容を表2に示しました。

　平日は、注文があれば、14時からも温かい料理の提供が可能であるが、料理を希望する人はほとんどいないとのことです。

　メニューは、5月〜6月とそれ以外でやや異なっています。5月〜6月のアスパラガスシーズンには、週1回、アスパラガス尽くしの

表2　「メールカマー」の営業時間と提供内容

水曜日～金曜日	14:00～17:00	カフェ
	17:00～21:00	夕食（温かい料理）
土曜日	12:00～15:00	ランチ（温かい料理）
	13:00～18:00	カフェ
	17:00～21:00	夕食（温かい料理）
日曜日	9:30～12:00	朝食ビュッフェ
	12:00～13:00	ランチ（温かい料理）
	13:00～17:00	カフェ
	17:00～21:00	夕食（温かい料理）

ビュッフェを行います。ビュッフェでは、10種類以上のシュパーゲル料理が提供されます。ドイツでアスパラガスを食べるようになったのは比較的新しいため、当地の伝統料理ではなく、標準的な調理方法によるものです。たとえば、シュニッツェル（カツレツ）の付け合わせ、アスパラガススープ、茹でたアスパラガスにオランデーズソースをかけたものなどが提供されます。

　レストランで使用される原材料のうち、アスパラガス、野菜、ブルーベリー等は自家農園産です。また、夫が狩りで仕留めたシカやイノシシの肉もメニューに登場します。ジャガイモは、近隣農家から購入しています。

　レストランの建物に併設して、1700年頃に建てられた納屋があり、アスパラガスの貯蔵用に使う傍ら、パーティー客用に使用しています。150名ほど収容できます。元々は、運搬用に利用されていた馬の交換所のようなところだったといわれています。納屋では、パーティー（結婚式、披露宴等）やシュパーゲルシーズンに来客が多い際に利用しています。

　顧客の年齢層は幅広く、なかにはコーヒーとケーキだけで4、5時間もねばる客もいます。客単価は、コーヒーとケーキでは5ユーロ程度、朝食ビュッフェや温かい料理は15ユーロ程度です。

農家レストランに対する評価

　イルゼさんは開業に際して、まず存在を
知ってもらうために「この店で何が提供で
きるのか」を必死に考えたそうです。長男
に頼んでホームページを開設し、レストラ
ンの内観やメニューをPRすることにしま
した。口コミやインターネットによる宣伝
効果もあり、リピーターが現れるとともに、
メニューやサービス内容に磨きをかけ、そ
れらが相まって売り上げが伸びるように
なった、とイルゼさんは振り返ります。

イルゼさん
（2018年1月、澤野撮影）

　レストラン開業のメリットとしては、「自分の新しい可能性の発見」、
「収入の充実」、「地元住民との交流」、「自分の活動の広がり」を挙げ
ています。反対に、デメリットとしては、とくに週末の営業時間が長
いため、「自由時間が少ないこと」を挙げています。収入面では、総
収入の30%未満だが、「まあまあ満足している」とのことです。

　2時間にもわたるインタビューのあと、台所を案内してくださいま
した。「メールカマー」には、毎年、アスパラガスのシーズンに、骨
とう品収集を兼ねて訪ねてくる日本人の常連がいるそうです。「あな
たたちも今度はアスパラガス料理を食べにいらっしゃい」と言われま
した。

参考資料・URL
Die Mehlkammer（レストラン）
　https://www.mehlkammer.de/mehlkammer
Familie Hogrefe（農場）　http://www.hogrefe-eickeloh.de/

定年退職後の民宿経営「ゲルケンホーフ」

―――――――――――――――――　ヘンリケ・ヘルムスさん

　1月10日、イルゼさんのレストランをお暇した後、車で数分の距離にあるヘンリケ・ヘルムスさんの営む民宿を訪ねました。薄暗い中、ナビと番地表示を頼りに探しあてたお宅はひっそりと静まりかえっていました。おそるおそるブザーを鳴らすと、一人の男性が現れました。夫のヨアヒムさんでした。「妻は近所に出かけているが、すぐ戻るので、どうぞお入りください」とのことでした。ヨアヒムさんから、あらかじめ記入してくださっていた調査票を渡され、応接間で待つこと約15分、ヘンリケさんが現れ、お話をうかがうことができました。

ヘンリケさんのプロフィール

　ヘンリケさんは1955年に生まれました。生まれも育ちもアイケローであり、現在も実家に住んでいます。一人っ子です。基礎教育修了後の1971年、事務、骨とう品販売の仕事に就いたことがあり、結婚後も建築事務の仕事の経験があります。1980年に結婚し、息子が2人います。子供たちはいずれも独立し、現在、長男はバンクーバー、次男はケルンにいるので、夫婦二人暮らしです。

農林業とのかかわり

　ヘンリケさんの実家はもともと農家でした。ご両親ともに農業に従事し、農地と林地を所有し、牛や馬などの家畜も飼っていました。ところが1979年に父親が亡くなり、それを契機に離農しました。ヘンリケさん夫妻は夫の勤務の都合により家を離れたため、それ以来、母親が一人で住んでいましたが、その母親も2013年に亡くなりました。

母親の死後、15haの採草牧草地と20haの畑が遺されましたが、いずれも近隣の農家に貸しています。一方、77haの林地は自宅から少し離れた所にあり、マツなどの針葉樹を植えています。木材として販売していますが、嵐で倒れた木、落ちた枝を集めて薪にすることもあります。ふだんは夫一人で作業していますが、植林作業のみ専門の人を雇っています。

民宿開業の経緯

ヘンリケさん夫妻が営む民宿は2013年に開業しました。きっかけとなったのは夫の定年退職と母親の死去でした。

前述のように、ヘンリケさんの実家は農家で、母屋は1733年に建てられた、牛小屋と人間の居住部分が一体となった、この地方の伝統的な建物でした。父親の死後、離農して家畜を手放したので、以来、牛小屋部分は空のまま、母親が一人で住み続けていました。

一方、ヘンリケさんは、夫のヨアヒムさんがデンマークの大手製薬会社に勤務していたため、フランス、オーストリア、アメリカ、スイスなど、世界各地を転々としていました。2010年、アメリカからスイスに転勤となってから、ヘンリケさんは夫をスイスに残して主に実家にいるようになりました。そして、知り合いの建築家の助けを借りて、古い家屋の改築作業を進めました。2011年から2012年にかけてのことです。ヘンリケさんは一人娘なので、夫の定年退職後は、実母と3人で快適に暮らせるように、部屋の間取りからインテリアまで大々的に改築することにしたのです。改築の費用は、すべて自己資金で賄い、約20万ユーロ（約2,000万円）でした。

ところが、改築工事完了後の2013年、母親が急逝しました。当初、農家民宿に全く興味はありませんでした。夫婦二人で住むには広すぎ

るが、空いたスペースを恒常的に誰かに貸すのには抵抗がある。ホームパーティーにも使いたい。結論として、貸別荘的に短期的に誰かに貸す形ならばよいのではないか、と考えるようになりました。客が入れば追加的な収入が得られるし、客が来なければ自分たちで自由に使えます。かくして、同年、農家民宿「ゲルケンホーフ」（Gerkenhoff）を開業しました。

民宿の経営について

　民宿の仕事は、ヘンリケさんと夫のヨアヒムさんの二人で分担しています。ヘンリケさんは、宿泊者のためのベッドメーキングや掃除、夫はインターネットによる予約の受付と顧客管理を行っています。貸別荘形式なの

ヘンリケ・ヘルムスさん（左）
（2018 年 1 月　澤野撮影）

で、朝食を含め、食事の提供は一切ありません。各部屋に台所が付いているので、客が自ら食事を用意します。

　母屋の１階と２階がそれぞれ客室になっています。いずれも近くを流れる川の名前がついています。１階のアラー（Aller）は110㎡、バス・トイレ、台所、リビングルーム、寝室２部屋があり、４人まで宿泊可能です。宿泊料は、１泊目110ユーロ、２泊目から80ユーロ、８泊目から75ユーロとなっています。２階のライネ（Leine）は75㎡あり、やはり４人まで宿泊可能です。宿泊料は若干安く、１泊目80ユーロ、２泊目から50ユーロです。

　私たちが訪ねた１月上旬は閑散期であり、宿泊客はいませんでした。母屋の１階はご夫妻が使用し、２階の客室は、隣家の人が建て替え中

のため、その仮住まいとして貸していました。また、敷地内に古い納屋を改築した建物があり、調査時点では他人に貸していましたが、年内には民宿用に改装し、来年（2019年）からは民宿として使用する予定とのことでした。ホームページを見る限り、まだのようです。

宿泊客の特徴

北ドイツには南ドイツほど観光資源がなく、とくに冬は閑散としていますが、「ゲルケンホーフ」には季節的にはいつ頃、どのような人々が宿泊するのでしょうか。ヘンリケさんによると、宿泊客は主に家族連れであり、多くはイースター休暇（4

1階客室（Aller）の台所。梁に牛小屋の名残がある。
（2018年1月 澤野撮影）

月中下旬）、学校の夏休み（6月下旬から8月初旬）、秋休み（9月下旬から10月上旬）に訪れます。学校の休み以外では、大人のみのグループが来ます。客の年齢層は40~60代、旧東ドイツの人が多く、宿泊日数は3〜4泊、まれに10泊以上の人もいます。「ゲルケンホーフ」が気に入って、2度も3度も来るリピーターもいます。饒舌な客もいれば寡黙な客もいるので、それぞれに合わせて接しているとのことです。11月から翌年の3月にかけての期間は宿泊客がほとんどいないため、前述のように貸すこともあります。

宿泊客の多くは付近の散歩、サイクリング、庭でバーベキューをするなど、のんびりと過ごします。車で30分程度の範囲にサファリパーク、鳥公園、水族館、オオカミセンターなどがあるので、とくに家族連れには人気があります。前述のように、食事は基本的に自炊ですが、

すぐ近くにある「メールカマー」(イルゼさんのレストラン) を勧める
こともあり、地域内で連携しています。

民宿経営に対する評価

　ヘンリケさん夫妻が民宿経営を始めて、2018年の調査時点で6年目
になります。民宿から得られる所得は総所得の3割未満ですが、ヘン
リケさんは「まあまあ満足している」とのことです。労力の面では、
繁忙期にチェックイン前準備、チェックアウト後の掃除が忙しい程度
で、夫の協力もあるので、さほどの負担はありません。民宿を始めた
ことにより、「自分自身の個性を発見した」り、「地域住民との交流や
自身の活動の広がり」を感じたりしています。宿泊客はみんないい人
たちで、「これまで物品を壊されたり、盗まれたりすることもない」
と話していました。

地域社会とのつながり

　地域社会とのつながりに関しては、まずアイケロー地区の農村女性
クラブ（ドイツ農村女性連盟の支部組織）があります。毎月1回集ま
りがあり、ヘンリケさんも参加しています。また、民宿経営と並行し
て、ヘンリケさんはハイデクライス郡のガイド協会にも関わり、自身
の住むアイケローに関する歴史や教会の説明等のガイドや観光案内に
関する研修を週1回半年間受けて、ツアーガイドとしての役割も果た
しています。加えて、ラッドツアー（自転車旅行）の勉強等も重ね、
地域住民との交流を深めるだけではなく、利用客に地域の魅力を伝え
るようにしています。

参考資料・URL
Gerken Hoff　https://www.fewo-gerkenhoff.de/

クランベリー栽培と加工品の販売

—————————————————————— ソーニャ・ディーキングさん

　翌１月11日朝、宿から車で15分程度のギルテン村にあるファーム
ショップ「モースベールヒュッテ」(Moosbeerhütte) を訪ねました。
ギルテン村は人口1,200人ほどの小さな村で、独立した自治体ではあ
りますが、他の４つの村とともにシュヴァルムシュテット町という市
町村連合を構成しています[10]。農園と併設のショップを営むディー
キング家はドイツでは珍しいクランベリーを栽培し、加工と販売も
行っています。モースベール (Moosebeer) はクランベリー、ヒュッ
テ (Hütte) は小屋をそれぞれ意味します。ショップの一角に設けら
れた小さなカフェで、加工・販売部門に携わっているソーニャ・
ディーキングさんから１時間半ほどお話をうかがいました。

プロフィール・家族構成

　ソーニャさんは1964年、アラ・ライネ谷地域の東端の小都市、ツェ
レ (Celle) で生まれました。19歳から21歳にかけて家政の職業教育
を受けました。最終学年次にインターンシップを経験し、その後、22
歳から23歳にかけてより高度な職業教育を受けました。1987年、23歳
で結婚し、同時に就農しました。２人のお子さんのうち１人は大学生、
１人は社会人であり、２人とも他出しています。

---

(10) 1974年、連邦、州の地方行政改革により、市町村連合シュヴァルムシュ
　　テットが設立された。

農業経営の概況

　ディーキング家の経営の中心は、クランベリーの生産・加工・販売です。土地面積は60haあり、うち3分の1にあたる20haにクランベリーを栽培し、そのほかブルーベリー1ha、採草牧草地3ha、穀物畑8ha（貸付地）、森林27ha、建物の敷地1haという内訳になっています。家畜は馬とヤギを3頭ずつ、趣味的に飼育しています。

　栽培は、もっぱらソーニャさんの夫（1961年生まれ）が担当しています。クランベリーの収穫期である9月～11月、20名もの季節雇用者が手摘み作業を行います。年齢は20代前半から60歳までと幅広く、多くは女性です。20名中8名のドイツ人は自宅から通い、12名のポーランド人は敷地内にある建物で寝泊まりします。

　農場での作業のうち、大型機械の作業や力仕事は夫、雇いの男性3名（ドイツ人1名、ポーランド人2名）が行い、収穫、雑草取り等の細かい手作業は女性が担っています。

　一方、クランベリーの加工・販売は、もっぱらソーニャさんが担当しています。ジュース、ジャム、マーマレード、シロップ、リキュール、ソース、コンポート、クッキーと多彩です。ジュースは委託製造ですが、それ以外はソーニャさんが後述するファームショップ内の厨房で製造しています。

　生食用クランベリーと生食用ブルーベリーは、ファームショップでの販売と市場出荷、ジュースはファームショップとオンラインショップでそれぞれ販売しています。これらの加工品の一部は近隣の農場のファームショップでも販売してます。

　農場の販売額のうち、6割は生食用クランベリーが占めます。残り4割のほとんどは加工品によるものですが、そのうちの7割はクランベリージュースです。ジュースの販売量には1ダース単位で買う消費

者が多いことと、近年の健康志向が影響していると思われます。クランベリーには抗酸化作用があり、かつビタミンC、オメガ3脂肪酸に富むため、健康によいと言われています。

なぜクランベリーなのか

　一般的に、北ドイツはクランベリー栽培に向かないとされていますが、ソーニャさん夫妻があえて栽培に挑んだのはなぜでしょうか。同家ではかつて、ソーニャさんの義父の代にブルーベリーの苗木栽培を行っていました。40名を雇用するほどの大規模な経営でした。1970年代、義父が40代の頃、ブルーベリー畑の片隅にクランベリーの苗木を植え、試験的に栽培したのがきっかけでした。近年でこそ、クランベリーの健康効果は知られ、人気ですが、その当時はほとんど知られていませんでした。酸味が強いため、ブルーベリーなど他のベリー類と異なり、生食には向かないことも一因です。今となってみれば義父に先見の明があったと言えるでしょう。

　1994年、義父が65歳の時、夫に経営移譲がなされました。義父はその後もクランベリー栽培に熱心に取り組んでいましたが、1997年に急逝してしまいます。ソーニャさん夫妻は、研究熱心で、新しいことをするのが好きだった義父が遺したクランベリー栽培を、当初は悩みましたが、結局、引き継ぐことにしました。それは、義父がクランベリー栽培に対して並々ならぬ熱意や夢をもっていたこと、ソーニャさん夫妻もまた義父の生前からクランベリー栽培に興味をもっていたことによります。

　このように、義父が果しえなかった夢を実現することが夫妻のモチベーションとなり、順調であったブルーベリー栽培をあえてクランベリーに切り替えることを決意しました。当時を振り返り、ソーニャさ

んは「周りから見たら無謀だったと思う」と語ります。

ソーニャさん
（2018 年 1 月、澤野撮影）

クランベリー栽培に関してドイツでは先達を求められないことから、当初は独学で試行錯誤をし、失敗もあったとのことです。1998年末、アメリカ、マサチューセッツ州のクランベリー農場で 8 日間の研修を受けました。2009年にはカナダの農場での視察も経験しました。このように辛抱強く勉強や試行錯誤を重ねること約20年間、ようやく安定的に栽培できるようになりました。

栽培が困難だった理由の一つには、北ドイツの気候条件がクランベリー栽培に適していないことがあります。クランベリー栽培には、冬は寒く、夏は冷涼な気候が適していますが、当地の冬はカナダほど寒くはなく、夏には35度以上の猛暑日もあります。もう一つ、クランベリーには砂地よりも水分を多く含む湿地の方が適しています。北ドイツにもモアという湿地がありますが、あいにく当地の土壌は砂地です。そのような悪条件を克服すべく、ソーニャさん夫妻は有機質の土を多く投入して、土壌改良をし、さらに数あるクランベリーの品種中でも乾燥に強い品種を選んで栽培することにしました。

ソーニャさんによると、クランベリー栽培の決め手は水分調整です。それぞれの木をよく観察し、適時に灌漑し、良質な水を適量与える必要があります。ミネラル肥料を少量、施用しているため、有機栽培ではありませんが、農薬を使っていません。そのため、除草はすべて手作業です。クランベリーの樹高は低く、地面を這うように生育するた

め、収穫に際しても長時間、腰を屈めたままでの作業が強いられます。

　かれこれ20年にも及ぶ苦労を振り返りながら、ソーニャさんは、「一般的に新しい作目を始める場合、うまくいくまで10年間は我慢しなければならないが、クランベリーの場合はすべてにおいて一から学ばなければならなかったため、さらに10年間長くかかった」と語っていました。

加工品に対する思い

　前述のようにクランベリーは酸味が強く、他のベリー類のように農園での摘み取り体験や試食には向きません。そのため、当初、農園に訪れた客にはジャムやソースのレシピを教えていました。その際、サンプルとし

店頭に並ぶクランベリージュース
（2018 年 1 月、澤野撮影）

て作ったものは無料で提供していました。ところが、次第にそのサンプルを購入したいという要望が増えてきたため、値段をつけて売ることにしました。

　クランベリーの加工技術については、すでに1998年のアメリカ研修で学んでいましたが、保存料、香料など添加物を多く用いた製法に疑問をもっていました。そこで、かつて職業学校で学んだジャムの作り方を基本にし、砂糖のみを加えた製法に挑み、現在のクランベリージャムが出来上がりました。他の加工品も、添加物は入れても２種類程度で、香料は使わないようにしています。顧客から提供されたレシピをもとに商品化したものもあるそうです。

ファームショップ「モースベールヒュッテ」の開業

　現在のファームショップは2014年に開業したものです。それ以前から、どこから聞いたのか、クランベリー目当ての人たちが突然、来訪することが度々あったそうです。当初、自宅のリビングで応対していました。ところが、口コミで評判が広がり、ある時、50人乗りバスの団体客が来ることになりました。さすがに自宅のリビングでは手狭になり、受け入れ困難となりました。

　そのようなことが重なり、敷地内に以前からあったキッチン付の建物にログハウスを増築して、ファームショップ「モースベールヒュッテ」を2014年にオープンしました。ログハウスにしたのは、ソーニャさん夫妻がカントリースタイルの愛好者であり、産地である北米をイメージしたことによります。厨房をガラス張りにして、加工過程が見られるようになっています。建設は自己資金のみで行い、公的な補助金、融資は一切受けませんでした。

　翌2015年にはショップの一角、窓際の空間でカフェも始めました。ソーニャさん自身、元来、人が大勢いて賑やかな雰囲気は苦手でした。しかし、来訪客から、「ここでお菓子を食べたい」、「お茶やコーヒーも飲みたい」と何度も言われるようになり、やむなくテーブル１つと椅子を置き、菓子や飲み物を出すようにしました。そして評判が評判を呼び、客が増えたため、今ではテーブルが３つもあります。

ファームショップに対する評価

　店舗の営業時間は月曜日から金曜日は９〜17時、土曜日は９〜12時、日曜日は休みです。ソーニャさんは、営業時間には常時、店にいます。予約制で有料（１人当たり8.5ユーロ）の農場案内も行っています。１時間半から２時間をかけて農場の案内をし、クランベリーの栽培、

収穫、選別の方法を説明します。栽培上の工夫、商品にするまで多くの手間がかかること、クランベリーの商品価値などを理解してもらうことが目的です。農場案内は基本的にソーニャさんが1人で行いますが、8〜11月、クリスマスシーズンなど、繁忙期には近所の女性に手伝ってもらいます。

来訪客の多くは50代以上の女性であり、ドイツ各地はもちろんのこと、オーストリア、スイス、オランダ、デンマークからも訪れます。客単価は約25ユーロです。ファームショップの売上の割合は全体の30％以下ですが、ソーニャさんは満足しています。

ファームショップを始めたことについて、ソーニャさんは総じて「よかった」と評価しています。一番の理由は、ドイツでは未だに珍しいクランベリーについて、畑から食卓にのぼるまでの全過程を紹介できることです。また、来訪客や顧客との交流を通じて「自分の活動領域が広がった」こともよかった点としてとらえています。その反面、「旅行や休暇の時間が減った」ことをマイナス点としてとらえています。

今後の展望

ソーニャさんは元来、静かな環境を好むので、ファームショップを拡大する意向はありません。自分一人で対応可能な人数、できれば少人数グループに限定したいと希望しています。

クランベリーの栽培面積は、現在の20haから2年間かけて25haまで拡大する計画がありますが、それ以上は拡大しない予定です。

農場の経営移譲は10年後を想定しています。現時点では2人のお子さんはいずれも継承の意向を持っていませんが、近隣には子供が帰ってきて農場を継いだケースもあるので、焦らずに、長い目で考えてい

きたいと話していました。

　インタビューが終わり、ちょうど暖炉の薪をくべに現れた夫のヴィルヘルムさんに挨拶をした後、ジャムやクッキーを購入し、お暇しました。

参考URL
Moosbeerhütte OHG　https://www.moosbeerhuette.de/home.html
Samtgemeinde Schwarmstedt（市町村連合シュヴァルムシュテット）
https://www.schwarmstedt.de/

畑の中のカフェ「ラントレーベン」

——————————————————— **アネッテ・ルンプさん**

　「モースベールヒュッテ」でのインタビューを終えた後、シュヴァルムシュテットの街中で昼食をとり、午後2時に約束をしていた農家カフェ「ラントレーベン」（LandLeben、「農村生活」の意）に向かいました。見渡す限りの畑の中、片側一車線の道路を走ること15分ほどで店の看板が見えてきました。「ラントレーベン」は交差点の近くにありました。

　レンガ造りの建物の中に入ると、店主のアネッテ・ルンプさんが出迎えてくれました。平日ですが、コーヒーやケーキを食べながら寛いでいる大勢いて賑わっています。空いている席に案内していただき、途中から息子のヘンリクさんも交えて、2時間ほどお話をうかがいました。

アネッテさんのプロフィール・家族構成

アネッテさんは1957年、現在いるギルテン村の近くのノイシュタットの農家に生まれました。19歳（1976年）まで職業教育を受け、25歳で結婚し、同時に就農しました。

家族は夫（1953年生まれ）、長男、長女、次女の3人です。長男のヘンリクさん（1983年生まれ）は、夫とともに主に農業に従事しながら、アネッテさんのカフェを手伝っています。長女は近所に嫁ぎ、子供が2人います。次女はスペイン、トルコでの留学生活を経て、2年半前からアゼルバイジャンでドイツ語教師や貿易の仕事をしています。アネッテさんに言わせると「地元が好きな長男や長女と違って、次女は外国が好き」なのだそうです。

アネッテさんは地域の女性クラブの活動にも熱心に取り組んでいます。この地域、すなわちシュヴァルムシュテット市町村連合の農村女性クラブの代表を30歳の時分から14年間も務めました。私たちが泊まっていた農家民宿の主人、ギーゼラさんともハイデクライス郡のクラブ長会議で知り合った仲とのことです。

農業経営の概況

ルンプ家の農業経営は、カフェ経営とは完全に分けられています。それぞれが独立したGbRというパートナーシップ経営であり、農業の方の代表はアネッテさんの夫、カフェの方の代表はアネッテさんです。農場はカフェから500mほどの所にあります。経営面積は240ha、うち畑は200haあり、穀物、菜種、トウモロコシを199ha、カボチャを1ha生産しています。さらに採草牧草地が40haあります。その他、ホビー用の馬20頭の飼育を行い、その関連施設が2haあります。馬の飼育には特に夫が力を入れているのだそうです。

カフェ「ラントレーベン」開業の経緯

　アネッテさんがカフェ「ラントレーベン」を開業したのは2014年です。アネッテさんはかねてより、家政の職業教育で身につけていた料理の技術を活かし、手作りのタルトやケーキを提供するようなカフェを、副業として開きたいと思っていました。ある時、近所に廃業した酪農家の牛舎があり、売りに出されていることを長男のヘンリクさんが聞きつけました。人通りも多く、好適地であることから、銀行から借金をして購入しました。2001年のことです。

　しかし当時、アネッテさんには老親の介護があり、それどころではありませんでした。約10年後、老親を看取り、カフェ開業を具体的に考えられるようになりました。ちょうどEUの農村振興プログラムの一つであるLEADERの募集があり、「EUの補助がいつまであるかわからない。年取ってからでは新しいことはできない」と思い、ためらうことなくカフェ開業を決意しました。

　一方、ヘンリクさんは父親、つまりアネッテさんの夫の農業を手伝いながら、一人黙々と行う畑仕事に飽き足らず、「人と接する仕事をしたい」と思っていました。農業学校在学中に実習先だった農場では、加工品の販売や直売を通じて消費者と日々、接点がありました。また畑作の場合、とくに穀物の価格は天候などにより変動が大きく、経営が不安定なので、それを補う収入源が必要であると考えました。

　開業前に、経営コンサルタント、農家カフェの経営者に助言

アネッテさんとヘンリクさん
（2018 年1月、澤野撮影）

を乞いました。しかし、カフェの経営は、たとえば養豚経営などとは異なり計算通りにはいかないことが多々あり、助言が役に立つとは限りません。アネッテさんは「結局は自分自身で考えるしかない」と覚悟を決めました。

　2009年頃から、牛舎の前の道端に色とりどりのカボチャを並べて、畑でとれたカボチャやズッキーニを売るなど、簡単な直売を行い、消費者からの手応えを感じていました。

　その後、2012年、牛舎の改築とカフェの設備のためにEUのLEADERプログラムに申請しました。申請のための書類作成は、「窓1枚を新しくするだけでも、3種の書類が必要で、とても手間がかかった」そうです。LEADERの補助金65,000ユーロに加え、180,000ユーロの融資も使いました。

　2013年からの改築工事に際しては、自前で行った部分もありますが、主に伝統的な建築専門の大工に改築を依頼しました。また、近所の人たちもボランテイアで手伝ってくれました。この辺りは1970年代にギルテン村に統合されたノードドレベル（Norddrebber）という旧村の地区であり、280世帯ほどありますが、その中の大工、電気店などが安い値段で工事を引き受けてくれました。というのも、以前は何軒もあった食堂がなくなってしまい、みな住民同士で集まる場所がほしいと思っていたからです。

カフェの営業内容・客層

　ルンプ家では、2014年のカフェ開業と同時に、農業経営部門、カフェ部門それぞれについて、2つのGbRを設立しました。そして、夫が農業のGbR、アネッテさんがカフェのGbRの代表を務めています。息子のヘンリクさんは、その双方の仕事に従事しますが、農業が中心

です。その労力配分は、だいたい「農業７割、カフェ３割」ですが、11月から翌年３月までの冬季は農閑期なので、カフェが４割程度になります。

カフェの営業内容は、平日は14時から18時までカフェ、土日は10時から12時半頃までビュッフェ形式の朝食、さらに14時から18時までカフェの営業をしています。定休日は月曜日です。

店舗は１階のみで、定員40名程度の部屋が２つあります。客席数は室内85席のほか、４月〜10月の夏季のみ外のテラスにも65席、用意します。

メニューはケーキやタルトが中心です。バターやクリームは市販品を利用していますが、その他は地元産を使い、伝統的なレシピに基づき作っています。ケーキは平日でも６種類程度、用意しています。週末の朝食ビュッフェには、季節のサラダ、ソーセージ、チーズ、自家製のジャム、ヨーグルト等、様々な食材が並びます。野菜、ソーセージ、チーズ、パン、ベリー類は地元産です。はちみつ、甜菜ペーストは、近隣の有機農業経営の産品を利用しています。

クランベリーは前述のソーニャさん（モースベールヒュッテ）から購入して、タルトの材料に使うほか、ジャムなどの加工品を店頭で販売しています。ワインは、ヘンリクさんの友人が生産しているドイツ産です。試飲会を行ったりして、好評です。このように、カボチャやズッキーニ、ジャムの材料のベリー類などは自前で供給していますが、その

地元産の果実を使ったケーキ
（2018 年1月、澤野撮影）

他の食材は交流のある生産者から購入するようにしています。

　カフェの設備で最も高額だったのはコーヒーマシンです。2014年の開業時に「マイスターコーヒー」というメーカーと３年間、約１万ユーロのリース契約を行い、マシン以外にもコーヒー、店の看板、メニューまで、同社のものを一式、使っています。当初、3,000ユーロ払い、残りの7,000ユーロは分割払いであり、３年経ってようやく払い終えたとのことでした。

　「ラントレーベン」の客層の中心は50代以上の中高年女性であり、地元住民が６割を占めます。午前中は若い女性同士のグループもいますが、午後は年配の女性客が圧倒的に多く、なかには誕生日を祝う人たちもいます。また、葬儀後に集まって、故人を偲んで思い出を語り合う人たちもいます。

　平日は6.5ユーロ程度でコーヒーとケーキを楽しむ人が多く、週末は朝食ビュッフェ（大人15ユーロ、子供7.5ユーロ）の客で賑わい、多忙を極めますが、その分、客単価も上がります。

　自転車のツーリング客が立ち寄ることもあります。アラ・ライネ谷地域はツーリング客に人気があり、観光客数が年間５〜８％伸びていることから、今後も期待できそうです。

　そのほか、小さい子供のいる家族連れ向けに、おもちゃを備えたコーナーを用意しています。夏場はテラスの客席も用意し、ヤギや羊と触れ合えるようにもしています。

カフェに対する評価

　私たちが訪問したのは、カフェ開業から３年余が過ぎ、ようやく黒字になった時でした。この３年間に延べ75,000人が訪れ、中には１年に80回も来た常連客もいるとのことです。したがって、収入面では

「とても満足」しています。利点として「可処分所得が増えた」点を挙げています。

　さらに、アネッテさんもヘンリクさんも、「家族が経営に参加している」、「客との交流が増えた」、「自分の行動範囲が広がった」点を利点として挙げています。アネッテさんの場合、カフェ開業の前からEUのプログラム「子どもと料理をしよう！」に参加し、畑にジャガイモを植えたり、収穫した野菜で一緒に料理をしたりする、いわゆる食育の活動に携わっていたことも関係しているでしょう。ヘンリクさんもまた、カフェの客と農業の話をしたり、そこから客同士が知り合いになったりと、人の輪が形成されることにとても満足しています。

　反面、週末に忙しすぎるのが悩みの種です。特に土曜日は、10時からの朝食ビュッフェに始まり、午後は18時までカフェと、客が絶え間なく来ます。閉店後は、翌日曜日の朝食ビュッフェに備えて、時には21時まで厨房に詰めていなければなりません。客が増えれば増えるほど、じっくり話をすることもできません。「以前は庭の手入れもしていたし、2人の孫とも遊んでいたけど、どちらも全然できない」と、アネッテさんは嘆いていました。

今後の展望

　忙しすぎることを除けば、カフェ経営は順調そのものです。今後、設備面で2つのことを考えています。1つは、冬季も子供がのびのびと遊べるように、屋内の遊び場を作ることです。本来、2017年内に着工する予定でしたが、駐車場の拡張工事が予想外にかかったため、翌年に延ばしました。もう1つは太陽光パネルの設置です。カフェに隣接した建物もルンプ家の所有であり、そこで来客用のヤギ2頭、羊頭を飼っているのですが、その建物の屋根に太陽光パネルを設置し、再

生可能エネルギーとして売電し、厨房にかかる電気代を補うという計画です。

　アネッテさん自身、そろそろ年金受給年齢の65歳に達することから、ヘンリクさんへの農場継承は１、２年以内であるとのことです。ゆくゆくはカフェ経営の方もヘンリクさんが中心になると思いますが、それはまだ先のことでしょう。村の人々が集い、語り合える場として、末永く続けてほしいものです。

参考URL
　Hofcafe LandLeben　http://www.hofcafelandleben.de/

子供向けの農家民宿「ブランケンホーフ」
―――――――――――――――――――――　ドロシー・カッペンベルクさん

　現地調査３日目となる１月12日、宿から北に30kmほどの距離にあるヴァルスローデ町を訪ねました。事前にメールで連絡を取り合っていた地元の女性、レナーテ・ローデヴァルトさんと落ち合い、まずは子供向けの農家民宿「ブランケンホーフ」（Blankenhof）を営むドロシー・カッペンベルクさんのお宅に案内していただきました。

プロフィール・家族構成
　ドロシーさんは1959年、同じヴァルスローデ町に生まれました。幼い頃は看護師になりたいと思っていましたが、家庭の事情により諦め、農業家政の学校に進みました。
　一方、カッペンベルク家では、後にドロシーさんの舅となる男性が

第二次世界大戦の兵役のため、晩婚でした。戦後、結婚し、1950年に長男が生まれ、農業に従事します。1975年、25歳になった長男のために現在の母屋である2階建ての家を建てました。当時、舅の兄弟も一緒に住んでいましたが、やがて亡くなり、1976年の大晦日には姑も亡くなります。女手がなくなったため、家事手伝いの求人をしたところ、同じ町内で学校を卒業したばかりのドロシーさんが応募し、1977年から同家で働くようになったということです。その後、1979年にドロシーさんは同家の長男と結婚し、息子2人と娘1人をもうけました。ドロシーさん夫妻の長男（1982年生まれ）は2017年に結婚し、同じ敷地内の家屋で暮らし、農業に従事しています。

　ヴァルスローデ町にも農村女性クラブがあり、会員は250名ほどです。ドロシーさんはその会長を務めています。

農業経営の概況

　カッペンベルク家の農場は、ドロシーさん、夫と長男とでGbRの形態をとっています。GbRの利点としては、共同代表制なので、現在、同家がそうであるように体力の衰えた夫の代わりに長男が代わりになれるなど、共同代表者であれば誰でも代わりを務められること、そして将来的には血縁者以外にも移譲しやすいことを挙げていました。

　カッペンベルク家の農場では、調査時点ではバイオガス用のトウモロコシ、穀物を生産し、肉用牛20頭の肥育を行っていました。畑は47haあり、ライ麦28ha、バイオガス用トウモロコシ19haを栽培しています。家畜は、3年前までは乳牛も飼っていましたが、労力軽減のために手放しました。また、500頭の養豚（27kg程度の子豚を購入して肥育する）も行っていましたが、欧州全域でアフリカ豚熱流行の兆しがあるため、2017年末から2018年初めにかけてすべて売り払いまし

た。再開は難しいだろうとのことでした。

　その他に、採草放牧地6.3ha、森林（マツ等の針葉樹）30haがあります。また、鶏６羽、馬３頭を飼っていますが、いずれも収入目的ではなく、卵は自家消費用と宿泊客用、馬も宿泊客向けです。

　バイオガス用のトウモロコシは、９月から10月にかけて農業機械作業請負業者（Lohnunternehmer）に委託して収穫や運搬を行っています。かつては家畜の飼料用として作っていましたが、現在は主として２kmほど離れた村のバイオガスプラント２ヶ所に販売し、収入を得ています。また、ライ麦も本来、豚の飼料用でしたが、現在は食用として市場出荷しています。

　農場の仕事は基本的にドロシーさんと夫と長男の家族３名で行い、雇っている人はいません。農業簿記はドロシーさんと夫が行っています。

民宿開業の経緯

　ドロシーさん夫妻が農家民宿を開業したのは1996年です。前述のように1975年に舅が２階建ての母屋を建てたのですが、その後、舅の兄弟、姑が相次いで亡くなり、1986年には舅も他界したため、２階はずっと空いていました。その２階を貸別荘形式の農家民宿にして有効活用しようと考えたのがきっかけです。

　ドロシーさん夫妻は、自分たちの農場で旅行者に何が提供できるか、美味しいもの、魅力的なものは何かを日々考え、農家民宿の開業を決意したそうです。当時、ドロシーさん夫妻の子供たちはまだ幼かったので、「これからお家にお客さんが泊まるよ」と説明して、理解してもらいました。あくまでも農業の副業としての開業なので、手間が比較的少ない貸別荘形式にしました。

民宿開業に当たり、1階はそ
れまで通り家族の居住空間とし、
2階に2グループが宿泊できる
ように、融資や補助金は一切受
けずに、すべて自己資金で改築
を行いました。床や壁を補強し、
キッチン、トイレ、シャワー
ルームをそれぞれ2つずつ整備
しました。

母屋2階の客室
（2018年1月、澤野撮影）

　その後、母屋の隣の建物も宿泊用に改築しようかと考えましたが、
2017年に長男が結婚し、住むようになったため、断念しました。

農家民宿の経営状況

　現在、ドロシーさんは夫と2人で農家民宿の仕事をしています。ド
ロシーさんの1日は通常、朝7時から9時まで畜舎の仕事と朝食、9
時から11時まで家事、11時から12時まで昼食準備、12時から13時まで
昼食、13時から15時まで休憩、15時から17時まで庭や農場の仕事、17
時から19時まではコーヒー休憩と畜舎の仕事、19時から夕食とのこと
です。おそらく民宿に関わる時間は午前中の「朝食」や「家事」に含
まれているのではないかと思います。

　「ブランケンホーフ」のホームページによると、客室の1つは約70
㎡で、2～4名まで宿泊可能です。もう1つの客室は約60㎡、宿泊可
能人数は同じく2～4名です。こちらにはバルコニーがあり、バーベ
キューや日光浴も楽しめます。いずれもベッドルームが2部屋あり、
キッチン、シャワー、トイレ、洗濯乾燥機等、長期滞在可能な設備が
整っています。

宿泊料は、１泊２名までは１名あた
り40ユーロ、３名目からは１泊５ユー
ロです。宿泊の最終日には、70〜80ユー
ロが追加されるため、宿泊日数が長い
ほど１日当たりの料金が割安になりま
す。キッチンで自炊ができますが、簡
単な朝食（パン、飲み物等）の提供は
有料で行っています。大人１名あたり
10ユーロ、３歳から12歳の子供は５ユー
ロです。

子供向け農家民宿の認証書
（2018 年、澤野撮影）

　農家民宿経営に関する外部の支援と
してはBauernhofurlaub.deという、連邦
規模の農家民宿データサイトがあり、「ブランケンホーフ」もそこに
登録し、web上での宣伝や予約受付を行っています。ニーダーザクセ
ン州もそうですが、もともと各州に「農村ツーリズム協会」という支
援組織があり、Bauernhofurlaub.deは、それらが有している農家民宿
の情報を１ヶ所にまとめたものです。ドイツ国内はもとより、隣国の
フランスやオーストリア、さらには南アフリカの農家民宿まで検索で
きるようになっています。

　また、連邦規模の制度として子供向け農家民宿の認証
（KinderFerienLand）があり、「ブランケンホーフ」は2011年に登録
されました。認証に関する検査は毎年行われ、上の写真は調査時点で
の最新の証明書です。子供向け農家民宿やその認証に関しても、ニー
ダーザクセン州の農村ツーリズム協会が、認定基準に関する助言・指
導など、いろいろな面で支援をしています。

利用客について

　ドロシーさんによると、利用客のほとんどは４月から10月の夏季に訪れます。家族連れが中心であり、祖父母も一緒に３世代で訪れる家族も少なくありません。滞在日数は平均７泊であり、４泊から14泊まで幅があります。

　滞在中の過ごし方には様々あり、ビーチボールやサイクリング、農場見学、トラクター等の大型機械の試乗、牛、馬、鶏、ウサギ、ネコなどの動物との触れ合いなどです。乗馬体験もあり、ポニーに乗る場合は１回10ユーロです。乗馬体験の前に餌をやったりすることもでき、馬を扱う上での注意事項等を伝えた上で農場の周辺を１時間程度、回ります。利用客が自分の馬を連れてきて乗馬を楽しむことも可能です。その場合は、餌となる干し草を１日10ユーロで提供します。これら農場固有のサービスに限らず、周辺にあるバードパークやマジックパーク等の遊園地で過ごす利用客もいます。

　ドロシーさんは、家族連れが多く訪れることについて「とくに子供がいると、都会にはいない動物がいて、広々としていて、自由に動き回れるところが魅力なのでしょう。それが農家民宿の強みです」と、誇らしげに語ります。利用客の中には「こんな静かな所に来たのは初めて」と感動する人もいるそうです。

農家民宿に対する評価

　農家民宿による所得は農場全体の３割未満であるとはいえ、ドロシーさんは全体的に満足しています。強いて言えば「利用客がいる間は常に利用客のことを考えていなければならず、それが負担」とのことですが、農家民宿経営を通じて家族の協力が得られ、自分の新しい可能性を発見し、収入が増え、顧客との交流や活動の広がりも感じて

いて、よい評価をしています。

　この日は昼から次の約束があるため、インタビューは1時間で切り
上げ、その後、2階の客室を案内してもらいました。案内役のローデ
ヴァルトさんもまた地元の農村女性連盟の役員を務めていた経験があ
り、その関係でドロシーさんとは長年、家族ぐるみで親しくしている
ようです。時には私たちの質問内容から大きく逸脱し、2人で楽しそ
うに世間話をしていました。農村女性連盟の強い絆を感じました。

参考URL

Der Blankenhof Bauernurlaub in der Heide https://www.derblankenhof.de/
Bauernhof.de（農家民宿データサイト）https://www.bauernhofurlaub.de/
Urlaub auf dem Bauernhof mit Kindern（子連れ向け農家民宿データサイト）
https://www.bauernhofurlaub.de/themen/kinder.html
KinderFerienland Niedersachsen（ニーダーザクセン州子供向け農家民宿認
　証について）
https://www.bauernhofurlaub.de/verbaende/kinderferienland-niedersachsen.
　html（2021年3月8日最終閲覧）

障がい者のための民宿経営

マイケ・ベーレンス・サンドヴォスさん

　1月12日、午前中のインタビューを終え、サンドヴォスさんのお宅
を訪ねました。針葉樹が生い茂る中、古めかしい大きなお屋敷が見え
てきました。築300年余だそうで、現在も母屋として使われています。
　マイケ・ベーレンス・サンドヴォスさんは、ご自身の母親が始めた
農家民宿「マイネルディンゲン」（Meinerdingen）を受け継ぎ、同じ
敷地内の別棟に障害者を中心とした宿泊客の世話をしています。

　マイケさんの夫のハンス＝ユルゲンさん、母親のエリザベスさんを
交えてお話をうかがいました。

プロフィール、家族

　マイケさんは1956年、現在も住むヴァルスローデ町の旧家に生まれ
ました。農業の基礎教育を受けたあと、21歳から26歳まで専門の教育
も受け、卒業後２年間は農業以外、具体的には花屋で働いていました。
1982年に、やはり農業の専門教育を受けたハンス＝ユルゲン・ベーレ
ンスさん（1950年生まれ）と結婚し、1985年からはともに農業経営に
携わるようになりました。

　家族はご夫婦に加え、ご自身の母親、息子（1988年生まれ）の４人
です。夫のハンス＝ユルゲンさんはもともと州の農業会議所に勤めて
いました。息子のコートさんは大学で芝生についての卒業論文を書き、
後述のように現在は芝生の生産にも携わっています。

親子それぞれの経営多角化

　サンドヴォス家の経営は様々な点でユニークですが、ここでは経営
多角化に絞ります。まず、マイケさんが経営主である民宿があります。
民宿はもともと母親のエリザベスさんと亡父が1972年に始めました。
当時、農業は畑作と畜産の複合経営でした。1992年、マイケさんと夫
が民宿を継承し、同時にGbRの形態にしました。

　現在、民宿は土地の名前にちなんで「マイネルディンゲン農場」と
称するGbRです。GbRの持ち分の割合は、マイケさん、夫のハンス＝
ユルゲンさんがそれぞれ40%、息子のコートさんが20%となっていま
す。ただし夫はすでに60歳を超え、年金生活者なので、事実上、持ち
分を譲っています。

　民宿以外にサンドヴォス家にはマイケさんが所有する森林50ha、コートさんが所有する草地があります。

　そして、息子のコートさんは、近隣の農業者２名と共同経営（Betriebsgemeinschaft）を営んでいます。共同経営は畑作、バイオガスプラント、芝生の３つの部門から成り、それぞれ2006年、2010年、2014年に設立されました。畑作部門は畑地584haで良質の穀物を生産し、さらに500haの畑地を又貸ししています。この共同経営には父親のハンス＝ユルゲンさん（マイケさんの夫）が月450ユーロで雇われ、デスクワークを担当しています。コートさんは最も新しい芝生部門の責任者です。約20haの農地で家庭用、業務用の芝を生産し、周辺地域に配達も行っています。

　なお、農業労働力としては家族以外の男性３名が雇われ、うち２名は近隣から通うドイツ人、もう１名はポーランド人の季節労働者です。ポーランド人は年に２～３週間、滞在して農作業に従事しています。そして民宿では４名のドイツ人女性が雇用され、主に清掃に従事しています。そのほかに農業学校の実習生が１～２名います。

伝統建造物と障がい者への宿泊提供

　マイケさんが経営する民宿「マイネルディンゲン農場」は1706年、300年以上も前に建てられ、伝統建造物に指定されている母屋と、別棟の、障がい者も利用できる宿泊設備に特徴づけられます。敷地内には、他にも藁を保管する倉庫があり、母屋同様、伝統建造物に指定されています。

　まず母屋から説明しましょう。母屋は写真に見るようにドイツの伝統である木枠組構造の家（Fachwerkhaus）です。1705年に建てられました。屋根裏部屋を含め３階建てです。この母屋にはマイケさん夫

妻、息子のコートさん、マイケさんの母親であるエリザベスさん、さらに借家人が２名、全部で５世帯が暮らしています。一般的に伝統建造物では改築や増築は難しいのですが、マイケさんは将来を見据えて、もう一世帯分貸せるように改築しました。息子や借家人がいずれ出ていく

母屋の正面
（2018 年１月　市田撮影）

こともあるので、この付近に通うけれども、運転免許のない18歳未満の青少年に貸すことも考えています。

　障がい者を含めて、宿泊用に利用されているのは敷地内にある３つの建物です。うち２つは、かつて農場で働いていた使用人が住んでいた建物であり、残りの１つはパン焼き小屋でした。マイケさん夫妻が両親から民宿経営を受け継いだ1992年、これらの建物を障がい者も宿泊できるように大々的に改築しました。その際、低利子の貸付、EUおよび州による経営多角化助成プログラムの補助金５万マルク（約２万５千ユーロ）を利用しました。この５万マルクの補助金は、元来、知り合いの夫婦と共同で乳牛用の牛舎を建てるために申請していたものですが、知り合いが乳牛飼育を断念したため、マイケさん夫婦は障がい者受け入れという「経営多角化」に計画変更し、認められたとのことです。

　障がい者が宿泊するための建物は２つあり、いずれもかつては農場の使用人が住んでいた建物でした。うち一つは２階建で、４区画（１区画あたり63〜74㎡）に分かれ、バリアフリーです。障がい者をベッドから浴槽に移すための道具も備え付けられています。障がい者の宿

泊グループの９割はこの建物を
利用します。もう一つは平屋で
２区画（１区画あたり54㎡）あ
り、うち１区画がバイアフリー
になっています。その隣にある
パン焼き小屋は100㎡あり、６
人までのグループが貸し切りで
利用します。

敷地内のわら保管庫の鍵を見せるマイケさん
（2018 年１月　市田撮影）

　宿泊客数、宿泊日数は年に
よって異なりますが、平均して
年間180日とのことです。障がい者のグループは平均で約１週間、家
族連れは3.5日泊まり、その間、マイケさんが農場の案内をしたり、
ポニーなどの動物と遊ばせたりしています。農場では他にもウサギ、
犬、猫、馬、羊、ガチョウ、山羊などを飼っていて、いずれも宿泊客
が楽しむために飼育されています。自分の犬を連れてくる客も多いと
のことです。

　そもそも、なぜマイケさんが障がい者に対する宿泊提供を始めたか
といえば、以前から障がい者のグループ、車いすのお年寄りを含む家
族連れから宿泊の希望が多くあり、古い母屋では対応しきれなくなっ
ていたことがあります。一方、当時も現在も、障がい者を受け入れら
れるような民宿はほとんどなく、そこにビジネスチャンスを見出しま
した。加えて、障がい者のグループには介護人が同行しているし、健
常者ほど多くの質問を向けないので、農場案内の負担が少ない点も挙
げていました。

民宿経営に対する評価と今後の計画

　マイケさんは、母親から民宿経営を受け継いだものの、母親の代にはなかった障がい者の受け入れを独自に始め、現在では障がい者の宿泊者数が大半を占めています。また、農業は息子さんの共同経営に任せ、民宿と完全に切り離すことによって、マイケさん自身は民宿経営に専念しています。客に提供するのはあくまでも田舎らしさ、農場らしさであって、農業体験ではありません。マイケさんやご家族が「農業は男の仕事だから女はやらない」と口をそろえて言っていたのが印象的でした。

　民宿経営の利点としては、「自分の自由になるお金が増えた」、「客との交友関係が拡がった」、「自分の行動範囲が広がった」ことを挙げていました。また、他の事例とは異なり、家族の参加は比較的少なく、マイケさんがほぼ単独で営んでいるとのことです。

　逆に欠点としては、「静けさがなくなって、プライベートな部分が減った」ことを挙げていました。障がい者の受け入れに加え、小動物との触れ合い、農場見学など、サービスの内容が多様化すればするほど、自分の時間が少なくなることを表しているのでしょう。

　民宿経営が全体の所得に占める割合は、「経営が多岐にわたるので答えられない」、民宿経営の満足度合いについては、「まあまあ満足している」とのことでした。

　今後、民宿経営を息子さんの代にどのように譲るのかが課題です。息子さんの配偶者となるべき人にも当然、民宿経営や伝統建造物の継承に適した資質や能力が求められることでしょう。

参考資料・URL
Ferien-Hof Meinerdingen GbR（民宿）　https://hof-meinerdingen.de/
Heide Rollrasen（芝生生産・販売）　https://heiderollrasen.de/

バラ園の中の多世代交流カフェ

──────────────────────────────ウルリケ・クロールさん

　1月12日、この日、最後のインタビュー先となるクロールさんのお宅を訪ねました。当初、約束をしていた方が健康上の理由により訪問できなくなったため、急きょ、案内役のローデヴァルトさんを通じてアポをとり、お邪魔することになりました。

　ご自宅はヴェステン（Westen）という、現在はデルフェルデン町（Dörverden）の一部である旧村に位置し、カフェ「Rosenhus」は敷地内にあります[11]。

プロフィール

　ウルリケ・クロールさんは1955年、アラー川近くの村、アイルテ（Eilte）の専業農家に4人兄弟の3番目として生まれました。基礎学校の生徒であった時から家の家事や農作業の手伝いをしていました。農業学校で家政の3年課程を終え、1年間、検査員として働いてから、18歳の時にヴェステンの農家、ヘルマン・クロールさん（1949年生まれ）と結婚し、1998年まで一緒に農業を営んでいました。お子さんは二人いて、いずれも同じ敷地内にパートナーと一緒に住んでいます。現在はご夫婦とも年金生活者です。

農業経営

　ウルリケさんが嫁いだ頃、クロール家では畑作と酪農、養豚を営んでいました。農地は50haほどありました。1990年代半ばから家畜を

---

(11) この事例のみ、2019年9月に再度、訪ねる機会があったが、本文中の内容は主に2018年1月時点の聴取内容に基づいている。

手放し、現在では畑地45ha、草地1ha合計46ha（うち所有地は18ha）を経営しています。穀物のうち、大麦とライムギは市場出荷、トウモロコシは近隣のバイオガスプラントに提供しています。農業労働力は夫のヘルマンさん、および敷地内に住んでいる長男と長女です。

「お話カフェ」での多世代交流

　ウルリケさんは1992年頃、すでに自宅でカフェを開きたいと思っていました。実現のきっかけはその3年後、1995年に訪れます。当時、デルフェルデン町内のバルメ（Barme）という地区（旧村）には戦後、建設された連邦軍の兵営があったのですが、撤退することが決定していました。軍の撤退の後、町の人口が一挙に減少することが懸念されていました。

　デルフェルデン町は10の旧村から成るのですが、ウルリケさんたちが住むヴェステンには、古い村役場の建物（Amtshaus）が廃屋として残されていました。ウルリケさんの自宅からは1km足らず、アラー川に面した風光明媚な場所です。1760年に建てられた伝統的な家屋であることから、改修して活用するために、まずは住民の有志が集まって「ふるさとクラブ」を結成しました。1995年のことです。

　ウルリケさんは「ふるさとクラブ」の代表となりました。当時、まだ乳牛を飼っていましたが、近いうちに手放して、その分、時間が空くので、何かできることはないかと考えました。そしてパンやケーキを焼くオーブンを買い、リンゴ、アーモンド、バターなど幾種類ものケーキを焼き、夫のヘルマンさんと一緒に、5月1日からアドヴェント初日（12月上旬）までの毎週日曜日および祝祭日に、自家製のケーキを提供するようになりました。その場が自然と地域の人たちと地域の農業や観光、文化の話をする場（お話カフェ）になったとのことで

す。

この活動の間、ニーダーザク
セン州、デルフェルデン町、
フェルデン郡などの地元の行政
から協力を得るとともに、1999
年からは連邦の助成金「ふるさ
とと環境」、さらに2007年から
は連邦の多世代交流施設に対す
る助成金を得るようになります。

バラ園カフェの中で語るウルリケさん
（2019年9月　市田撮影）

それらに加え1999年からは、こ
の地域一帯（アラ・ライネ谷地域）のLEADERプログラムの助成金
（約200万ユーロ）を町が受けて、世代間交流のための構想を次々と実
現していきます。ウルリケさんは「お話カフェ」に留まらず、町の全
体に関わる活動に参加するようになりました。LEADERプログラム
の実施主体であるLocal Action Group（LAG）では、一農家女性とし
て「農業と文化」分野の代表を務めました。

ウルリケさんは現在、自宅でカフェを営んでいますが、旧村役場内
での「お話カフェ」の頃からカフェのもつ多世代交流、あるいは世代
間交流の機能を重視しています。「子供は幼稚園だけに通えばいいと
いうものではない。たとえ十分な教育を受けていない、ただのおばさ
んやおじさん、おじいさん、おばあさんからも、子供は学ばなければ
ならない」と持論を展開します。カフェで若者からお年寄りまで、い
ろいろな年代の人々が出会い、接触することによって、世代間の断絶
が解消します。失われつつある地域の文化、農家の伝統料理も伝わり
ます。一人暮らしのお年寄り、ネオナチなどの極端な思想に走る若者
の問題も、昔は地域や家庭にあった世代間の交流がなくなったせいで

あると言います。

　ところで、ニーダーザクセン州の州都でもあるハノーファー市は、現在、政権与党であるCDU（キリスト教民主同盟）の大物政治家である、ウルズラ・フォン・デア・ライエン氏の出身地です⁽¹²⁾。医師であり、７人の子の母親でもあるスーパーウーマンとして知られています。一時はメルケル首相の後継者と目されていました。

　ウルリケさんの「お話カフェ」は2007年、ニーダーザクセン州の「多世代交流の場コンテスト」で３位を獲得し、連邦の助成金を受けるようになりました。ウルリケさんの活躍はフォン・デア・ライエン氏の目にとまり、何度か視察に訪れました。当時、氏は連邦政府の社会省大臣であったことから、多世代交流の場を全国的に広めようとし、実際、大臣就任中の2007年から全国に555カ所もできたそうです。

　こうしてウルリケさんは2004年まで、町の活動には９年間、中心的な存在として関わりました。すべてボランティアです。代表を退いたあとも、しばらくはフォーラムの企画には関わっていました。

バラ園カフェ「Rosenhus」と畜舎カフェ「Ole Stall」

　そして、2011年に自宅の豚舎を改築し、同年の５月にカフェを開業しました。カフェの開業に際してはすべて自己資金でまかないました。

　ウルリケさんご夫妻が住む家屋はもともと「狩人の家」と名付けられていて、1801年に建てられたものです。敷地内のバラ園では180種類、300本のバラを育てています。そしてバラ園の真ん中には、2013年に完成した小さな小屋があり、そこをカフェ「Rosenhus」（バラの小屋）と称して、多世代交流の場として提供しています。Rosenhus

---

(12) フォン・デア・ライエン氏は、2019年12月１日より欧州委員会委員長を務めている。

56

には毎日、10時から18時までの間、誰でも訪れることができます。湯沸かし器、ドライケーキ、クッキーのほか、雑誌やCDプレーヤー、音楽CDなども置いてあります。たとえば家でお年寄りの介護をしている人も、一緒に来てここでゆったり過ごすことができます。

一方、豚舎を改築した方のカフェ「Ole Stall」（オーレの畜舎）では、１月を除く毎月第２日曜日にケーキや飲み物を提供しています。コーヒー1.5ユーロ、ケーキ１ユーロと手頃です。ケーキに使うリン

カフェ「Rosenhus」
（2019年９月、市田撮影）

ゴ、梨、プルーンは自宅の果樹園で採れたものを使い、そのほか、玉ねぎなども近隣地域のものを使っています。客層は老若男女、家族連れ、単身、多様であり、客単価は3.5ユーロ程度、テイクアウトの場合は４〜８ユーロとのことです。当初の目的である多世代交流の場として成功していると言えるでしょう。

カフェに対する評価と今後の計画

カフェの開業に対する評価ですが、よかった点としては「自分自身の新しい面を発見できた」、「ご近所との交友関係が拡がった」、「お客との交友関係ができた」、「自分自身の行動範囲が広がった」を、逆に悪かった点としては「余暇が減少」、「自宅があけすけになること」を挙げていました。また、経営については「あまり満足していない」とのことです。毎月、年金収入が約400ユーロあるのに対し、カフェからは300ユーロであることも関係しているのかもしれません。

　現在はオーブンが乳牛用に使っていた建物にあるため、焼きあがったケーキを畜舎カフェに運ぶという手間がかかりますが、いずれ、カフェの中にオーブンを移すことを考えています。そして、地域の中ではこれまで行ってきたように次々と新しいアイデアを提案し、新たな活動グループを育てたいとのことでした。

参考資料・HP

AG Urlaub und Freizeit auf dem Lande e.V. Nidersahsen（ニーダーザクセン農村ツーリズム協会編）Gute Idee bauernhofferien.de：
　冊子体（各年次版）およびURL　https://www.bauernhofferien.de
Dat Rosenhus upp'n Jaeger Hoff　http://www.dorf-ich-bitten.de/

まとめ

澤野　久美

　最後に、今回の訪問先（７か所）と日本の農村女性起業を比較し、今後のドイツにおける農村女性が担う経営多角化を展望してまとめにしたいと思います。

（1）調査事例の総括

　今回の調査事例を、表３にまとめました。表３をもとに７名の活動を、女性自身、農業経営、地域という３つの視点から見てみたいと思います。

１）女性自身と経営多角化について

　まず、女性自身と経営多角化についてをみてみましょう。訪問した７事例のうち、ヘンリケさんとマイケさんが跡取り娘で、他は男性農業者との婚姻を契機に、現在の居住地に移住しています。多角化部門に取り組み始めた時期は様々ですが、おおむね50代以降であり、いわゆる子育て期を経て取り組み始めたと考えられます。開始あるいは継承時に、補助金や融資によって資金調達をしているのは、イルゼさん、アネッテさん、マイケさんで、他は自己資金のみによって開始しています。

　多角化部門に取り組み始めた経緯をみてみると、イルゼさん、ソーニャさん、アネッテさん、ドロシーさん、マイケさんは、経営の安定化や所得の確保、自家農産物の高付加価値化、消費者との交流が、その契機となっていました。農家民宿経営をしているヘンリケさん、ド

表3　調査対象事例の概要

		イルゼ (68)	ヘンリケ (63)	ソーニャ (54)	アネッケ (61)	ドロシー (59)	マイケ (62)	ウルリケ (63)
名前（調査時の年齢）		イルゼ (68)	ヘンリケ (63)	ソーニャ (54)	アネッケ (61)	ドロシー (59)	マイケ (62)	ウルリケ (63)
取組内容		農家レストラン	農家民宿	加工販売	カフェ	農家民宿	農家民宿	多世代交流
生産部門	主な作目・品目	アスパラガス、サクランボ、ブルーベリー、バイオガス用トウモロコシ、馬術競技用馬の飼育	林業	クランベリー	畑作（穀物、菜種、トウモロコシ）、カボチャ、ホビー用馬の飼育	穀物（バイオガス用トウモロコシを含む）、養豚（病気の流行の可能性があるため売却、肉用牛）	芝生、畑作、バイオガスプラント	穀物（大麦、ライ麦）、バイオガス用トウモロコシ
	経営面積	アスパラガス、サクランボ、ブルーベリーが計24ha、バイオガス用トウモロコシが計56ha	森林77ha（採草牧草地15haと畑20haは貸している）	60ha（うちクランベリー20ha）	240ha	47ha（うち19haがバイオガス用トウモロコシ）	3軒で584ha	46ha
	GbRか否か	○	×	×	○	○	○	○
	生産への関与	×	×	×	×	○	×	×
多角化部門	設立年と当時の年齢	2008年：58歳	2013年：58歳	2014年：50歳	2014年：57歳	1996年：37歳	1972年に両親が開始、1992年に継承：36歳	2011年：56歳
	開始理由と取り組みの特徴	自家農産物の付加価値向上、近隣住民が集まる場づくり	定年後に開始、自宅の有効活用、食事はメーールカマーと連携地域のPR	自家農産物の付加価値向上、消費者への理解促進	消費者との交流、自身の加工技術の活用、地域住民が集まる場づくり	自宅の有効活用、農業経営における副業部門としての位置づけ、子供向け農村体験プログラムを実施	障がい者が宿泊可能、伝統建造物の利用	多世代交流ができる場づくり
	開始時の資金調達	補助金、融資有	自己資金のみ	自己資金のみ	補助金、融資有	自己資金のみ	開始時は不明、継承後の改築時に補助金、融資有	自己資金のみ

資料：筆者らの聴き取りに基づく。

ロシーさん、マイケさんは、自宅等の有効活用も考えて開始したことがうかがわれます。すなわち、ウルリケさん以外の6人は、どちらかといえば、自分自身や家族、あるいは農業経営に関する問題解決という視点が強いと思われます。一方で、ウルリケさんは、開始に際して地域の課題を意識しており、当初から地域に対する高い関心を有していたと考えられます。7人に共通する特徴的な点としては、消費者にゆったりとした時間を過ごせる場所を提供したいと女性自身が考え、経営多角化に至っている点が挙げられます。

　そして、実際に収入における多角化部門の割合はあまり高くなく、農業経営全体から経済的な面を見ると、まさに副業であると考えられます。ただし、女性たちは多角化部門を担うようになったことで忙しくなったと答えてはいるものの、経済的な面からの評価は、「普通」から「まあまあ満足している」という回答が多く、自身の活動の広がりや利用者との交流などを通じて精神的な面からの評価もおおむね良好であると考えられます。そのため、女性たちにとっては、必ずしも経済的な理由だけではなく、やりがいや生きがいも求めて取り組んでいると考えられます。さらに、本人たちの評価を鑑みると、多角化部門を担うことで自分自身の可能性の広がりを自覚しており、多角化部門として経営の一角をなすに至ったと思われます。

2）農業経営における多角化部門の位置づけについて

　次に、農業経営における多角化部門の位置づけについてみてみましょう。

　今回取り上げたニーダーザクセン州はドイツ北部にあり、ドイツ国内では比較的大規模な農業経営が展開されている場所です。経営面積で見てみると、アネッテさんやマイケさんの経営は、ドイツ北部でも

平均より大きな規模といえますが、それ以外は平均より小さい面積であり、農業生産だけではない方向、すなわち副業を模索するようになったのではないかと考えられます。

　ドイツの場合、農業経営における多角化というと、「はじめに」でも紹介したように、バイオガス等の再生可能エネルギー生産に取り組む場合が多くみられます。今回の訪問先でも、イルゼさんやドロシーさん等の経営ではバイオガス用のトウモロコシを生産し、近隣のプラントに販売していました。一方で加工・販売、農家カフェ・農家レストラン、農家民宿等、いわゆる日本で６次産業化と呼ばれるような活動にも取り組んでいます。今回の事例の特徴として、夫や子供が農業生産部門、妻が多角化部門というように部門分担を明確にして、経営していることが挙げられます。さらに生産部門と多角化部門を分ける際に、GbRとして登記している事例が少なくありませんでした。女性の多角化部門をGbRという形にすることで、税制上のメリットを得るだけではなく、副業とはいえ女性の経済的地位の向上や経営上の位置づけの明確化にも寄与しているようにも思われます。この点は、日本農業にも示唆を与えるのではないでしょうか。

　また、「はじめに」では、ニーダーザクセン州の多角化の特徴として、「簡易宿泊設備および乗馬用馬の飼育」が比較的多いことも紹介しました。ドイツは馬術の強豪国としても知られており、馬は子供にも人気のある動物です。今回の訪問先には馬の名産地が含まれていることもあり、多くの方から馬の飼育に関する話をよく伺いました。例えば、イルゼさんの家族は馬術競技用の馬を、アネッテさんは趣味用の馬を飼育し、ソーニャさんは、趣味として馬を飼っています。農家民宿を経営しているマイケさんも、宿泊者が楽しめるように馬を飼育しています。さらに、子供向けの農家民宿の認証を受けているドロ

シーさんの場合は、宿泊者が連れてきた馬を係留する場所も用意し、宿泊者自身が乗馬を楽しめるようにするだけではなく、宿泊者用に馬を別途、飼育し、乗馬体験等も可能にしています。このように、人と馬との距離が近く、特に農家民宿の場合には馬との触れ合いを利用客が望んでおり、その場を提供している様子を実際に垣間見ることができました。

　経営継承との関係で見てみると、経営全体として継承者が明確になっているケースが少なくありませんでした。すでに継承している、あるいは継承時期にあるのが、イルゼさん、アネッテさん、ドロシーさん、マイケさん、ウルリケさんです。未定なのはソーニャさん、ヘンリケさんです。しかし、未定と回答していても2人のお話から察するに子供への継承の可能性が全くないとは言い切れず、今後の動きを注目したいと思います。

3）地域との関わりについて

　今回、多角化部門を担う女性同士の連携がみられました。例えば、ソーニャさんの商品を、アネッテさんのカフェで販売したり、ヘンリケさんの農家民宿の滞在者に対して、食事場所としてイルゼさんの農家レストランを案内しているといったことです。販路拡大に繋がるだけではなく、食を通じた地域の魅力発信にも寄与すると考えられます。特にドイツの農家民宿経営は、食事提供をしない貸別荘形式が少なくないため、利用者自身が料理をして農家民宿での休暇を過ごすケースもよく見られますが、近隣の農家レストランと連携することで、地域の農産物を味わってもらうことが可能になります。

　また、今回の訪問先では、農村女性連盟の役職経験者や参加者が多くみられたことも特徴として挙げられるでしょう。ドイツでも、女性

農業者が地域内で点の存在であることから、農村女性連盟で培ってきたネットワークを通じて同業者の交流を深め、多角化部門を担う女性同士の連携を強めていると考えられます。

　そして、地域の課題解決に女性たちが関わっている様子も見られました。具体的には、ウルリケさんが取り組む多世代交流施設が挙げられます。多世代交流施設は、ドイツ全土にその取り組みが広がりつつあり、今後、地域の課題をどのように解決していくのか、興味深いところです。

(2) 日本の農村女性起業との比較

　次に、今回の7名の活動と筆者らがこれまで見てきた日本の農村女性起業の取り組みを、前節と同様に、女性自身、農業経営、地域の観点から比較してみましょう。それぞれの観点について、日本とドイツの共通点と相違点を、**表4**にまとめました。

　まず、女性自身の観点から共通点と相違点を見てみましょう。共通点としては、開始のタイミング、開始のきっかけ、多角化部門に対する評価という3点が挙げられます。それぞれについて説明を少し加えたいと思います。

表4　日本の農村女性起業との共通点・相違点

	共通点	相違点
女性自身	・開始のタイミング ・開始のきっかけ ・多角化部門に対する評価	資金調達の方法
農業経営	農業経営上の位置づけ	明確な部門分担
地域	「場づくり」への意識	

資料：聴き取り調査に基づき筆者作成。

　7名の多角化部門を開始したタイミングを見てみると、おおむね子育て期を経てから開始しています。日本の農村女性起業の場合でも、子育て期を経て、起業にいたることが少なくありません。そして、多角化の開始のきっかけとしては、各自の農業経営の状況とも関わりますが、農産物の付加価値向上や消費者との交流・理解促進、場づくりが挙げられ、日本の農村女性起業家の状況に類似しています。また、生産部門とは異なり、多角化部門は、後継者にとっては農業の面白さを感じられる部門になっていると考えられます。例えば、アネッテさんの息子（ヘンリクさん）は、生産だけではなく、消費者との交流に農業の面白さを見出しています。日本の農村女性起業の後継者への聴き取り調査でも同様の話を伺っており、この点も共通しているように思われます。

　そして、多角化部門の活動に対する評価として、日本の場合も経済的な目的だけではなく、やりがい・生きがいを目的としているケースが少なくありません。特に、グループ経営の場合は、農林水産省の「農村女性による起業活動実態調査結果」を見ると年間の売り上げが300万円未満の活動が半数以上を占めており、やりがいや生きがいを重視した活動であると考えられます。その一方で、日本では、「農村女性による起業活動実態調査結果」（農林水産省）を見ると、依然としてグループ経営が約45%を占めますが、近年、個人経営が増加するとともに、経済的な側面を重視した活動も増えているように見受けられます。そのため、農村女性の起業活動に対する意識の変化が注目されます。

　相違点としては、資金の調達方法が挙げられます。日本の場合、特に活動年数の長い事例では、開業当時に女性本人名義の資産形成がなされておらず、配偶者（夫）の名前で資金を調達して起業している例

が少なくありません。それと比較すると、今回の事例では、設立年が2000年以降ということもあるかもしれませんが、自己資金を中心にしている事例が多く、またLEADERプログラム等をうまく活用して取り組んでいる印象を受けました。ソーニャさんのように、身の丈に合わせて大きく始めずに、展開に応じて規模を大きくしている点も自己資金での開業を可能にしている理由と考えられます。

　次に、農業経営の観点からは、共通点として、女性の活動が農業経営の副業的な位置づけとしてとらえられていることが挙げられます。一方、相違点としては、明確な部門分担が挙げられます。日本の場合、女性が生産部門にも携わりながら、多角化部門に取り組んでいることが少なくありません。それゆえ、過剰労働やそれに伴う健康上のリスクを抱えているような事例も見受けられます。繰り返しになりますが、今回のドイツの事例では、夫や子供が農業生産部門、妻が多角化部門を担っており、女性は農業生産にはほとんど関わっていません。すなわち、日本の実態とは状況が異なっているといえます。このような明確な役割分担の背景にあるものが、性別役割分業という意識に基づくものなのか、本人の適性に基づくものなのかを検討していく必要があるでしょう。

　最後に、地域の観点からは、共通点・相違点として「場づくり」に対する意識が挙げられます。今回の7名の活動を見ると、いずれも「場づくり」に対する自身の希望や周囲からの期待にこたえる形で始まっているように見受けられます。そのうえで、ドイツでは、その「場づくり」に対する意識が、日本よりも非常に強い印象を受けました。

　ここでいう「場づくり」には、2つの意味があります。1つは、都市の消費者向けに、農業・農村に触れる場をつくるということであり、

これは日本とも共通していると思われます。具体的には、農産加工、農家民宿、農家レストランなど、消費者との交流を通じて、農業・農村を体験してもらう機会を創出するということです。もう1つは、地域住民向けに、住民同士の交流や、昔は自宅や地域の施設で行っていたが現代ではなくなってしまったものを復活させようとする動きです。すなわち、女性が地域に目を向けて地域の課題解決を目指して場を創出する取り組みです。例えば、アネッテさんは、町に食堂が無くなってしまったため、食事だけではなく、地域住民の集まれる場としての役割も求めて農村カフェを始めました。そして、葬式後に故人を偲ぶ場、誕生日を祝う場ともなっています。また、ウルリケさんのように多世代交流できる場を作ったことも、その例として挙げられます。

　このような場づくりは、日本の農村女性起業でも取り組まれています。しかし、後者の地域住民同士の交流という視点は、ドイツの方がより強調されているように思われました。例えば葬儀の場合、日本では以前は自宅で葬儀を執り行うことが一般的でしたが、現代では民間企業が運営する葬儀場で行うことが増えています。しかし、ドイツでは葬儀を民間企業が行うことは多くありません。このように、現代の家という空間の中では行われなくなったことを、日本では民間企業が商品化している場合が多くありますが、ドイツでは日本ほど、そのような空間を商品化する動きは出ていません。また、仲間同士で集まってお茶を飲みながら話す場も、日本では、年中無休で商業施設が長時間オープンしている場合が少なくありませんが、ドイツの場合、営業時間が日本ほど長くなく、日曜日は定休日になっている施設が圧倒的に多いです。このように、日本とドイツのビジネスに対する考えの違いがあることも、ドイツの方が「場づくり」に対する意識がより強調される理由になっていると思われます。

(3) 今後の展望

　最後に、ドイツにおける農村女性が担う経営多角化に関して今後の展望を述べたいと思います。

　今回の調査事例の農業経営は、ドイツ国内では比較的大規模とはいえ、旧東ドイツにあたる地域や諸外国と比較してしまえば小規模と言わざるを得ず、生産だけではない方向、すなわち副業、経営の多角化への模索が根底にはあったのではないかと考えられます。そして、自家栽培の農産物や自宅を有効活用することで都市の消費者との交流を図るだけではなく、地域の課題でもあった地域住民同士の交流に対するニーズやシーズを彼女たちは感じ取りながら多角化に取り組み始め、そして地道に継続してきました。

　今回、訪ねた事例に即していえば、ドイツのマイスター制度上で、家政を学んだ経験を活かして多角化に踏み切ったケースも見られました。また、農村女性連盟に参加し、役職者となった経験を持つ女性たちが多角化部門を担っていました。しかし、今回伺った範囲では、農村女性連盟の活動に、若い女性があまり参加していない現状があるといい、若い女性に参加してもらえるように、若い女性のニーズに合った活動を模索していました。そのため、女性が担う多角化部門のインキュベーターとしての農村女性連盟の可能性も含めて、女性が関わる組織の動向にも注視しながら実態を見ていく必要があるでしょう。

　今後、ドイツ・日本双方で、どのような農村女性による取り組みが生まれるのでしょうか。さらにグローバル化が進展した場合、女性による多角化部門の重要性が増すことも考えられます。これからも、女性の多様な活動に注目していきたいと思います。

あとがき

　ドイツでの調査から早くも３年余が過ぎました。私たちが現地を訪れた１月は一年の中で最も日が短い時期であり、来る日も来る日も曇天でした。この季節、北ドイツに住む裕福な人たちは憂鬱な気分を晴らすべく、温暖な地域に出かけて保養をするといいます。

　本書で紹介した事例のうち、カフェは近所の人たちで賑わっていましたが、農家民宿やレストランは閑散としていて、おかげでゆっくり話をうかがうことができました。調査期間中、お世話になった宿も農家であり、かつては牛を飼っていたそうです。宿を切り盛りするギーゼラさんもまた農村女性連盟の役職経験者であり、インタビューをしたアネッテ・ルンプさんと知り合いでした。母屋の２階を改築した客室には台所やリビングルームも備わっていて、心地よい空間でした。

　昨年１月以来、世界中を巻き込んでいるCovid-19は未だに終息の見通しがたたず、国内外を問わず、現地に赴いてインタビュー調査を行うことは依然として難しい状況にあります。本書で事例として取り上げた経営は、ホームページやFacebookから察する限り、来客にマスク着用を呼びかけるなどの感染対策を行いながら営業を続けているカフェ、カフェは閉店し、製品販売のみ続けている所、レストランの他にオンラインショップを開設した所など、様々です。困難な状況の中で、女性たちが家族とともに頑張っている様子がうかがえます。いつの日か再訪し、地元の食材を使った料理やケーキをじっくり味わいたいと思いますが、今のところコロナの終息を気長に待つしかありません。

　このような中で、EUは2020年５月に「農場から食卓へ」戦略（Farm to Fork strategy）を公表し、気候変動緩和、生物多様性、食

品の安全性に関して、従来にも増して目標を掲げました。「農場から食卓へ」戦略には、本書にも登場する欧州委員会委員長のウルズラ・フォン・デア・ライエン氏が2019年12月の委員長就任時に表明した「欧州グリーンディール」（EU経済を2050年までにカーボンニュートラルにする計画）に共通する内容も含まれています。本書で取り上げた事例の経営はいずれもそれぞれの方法で環境負荷削減、生産者から消費者へのサプライチェーンの短縮、健康的かつ持続的な食の実現をうたった「農場から食卓へ」戦略に呼応しています。農業経営の多角化は、女性が実力を発揮し、経営の持続を可能にする上で有効な手段であると同時に、資源や環境の面での持続可能性にも貢献するべく方向づけられていると言えるでしょう。

　最後に、（株）筑波書房の鶴見治彦社長には、原稿の提出が予定より大幅に遅れてしまい、ご迷惑をおかけしました。ここにお詫び申し上げるとともに、刊行の機会を与えていただいたことに感謝いたします。

2021年3月

市田　知子

　［付記］

　本書は、科研費15K18754、18K05874（代表：澤野久美）による研究成果の一部です。

Farm Management Diversification Led by Women: Case Study in Northern Germany

Ichida Tomoko and Sawano Kumi

Since the 1980s, EU countries have been promoting diversification of agricultural management as part of their rural development policies. With the influx of cheap agricultural products from former Eastern European countries and the CAP reforms since the 1990s, farm management diversification has become more important as a means of stabilising farm income. This booklet features seven farms with side businesses managed by women farmers in Niedersachsen (Lower Saxony), northern Germany. Based on the results of a January 2018 interview in the Aller-Leine-Tal region, we analysed and described their motivations for starting a side-business, the financing of such businesses (including financial support from the public sector), the nature of these side-business (i.e. cafes, restaurants, food-processing and sales, accommodations), the roles of family members, and the effects and problems of diversification. The motivations for diversification are themselves very diverse and include supplementing agricultural income, utilising cooking skills, and meeting the demand of local communities. Diversification also provides urban people with opportunities to interact with nature and animals and provides local residents with a place for life events such as birthdays. The women interviewed belong to the regional branch of the German Farm Women's Association (Deutcher Landfrauenverband), some of whom have been managers. These women exchange information concerning diversification with each other. In both Japan, where most farm units are managed by families, as in Germany, the importance of farm management diversification led by women is expected to increase in the future as globalisation progresses.

著者略歴

市田 知子（いちだ　ともこ）
〔略歴〕
明治大学農学部食料環境政策学科教授。農林水産政策研究所を経て2006年より現職。東京大学大学院博士（農学）。専門は農村社会学、EUおよびドイツの農業・農村政策。
〔主要著書〕
『EU条件不利地域における農政展開―ドイツを中心に―』農山漁村文化協会（2004年）、『ヨーロッパ農業の多角化　それを支える地域と制度』筑波書房（2016年）共著、『年報　村落社会研究　53集　協働型集落活動の現状と展望』農山漁村文化協会（2017年）共著

澤野 久美（さわの　くみ）
〔略歴〕
国立研究開発法人農業・食品産業技術総合研究機構（農研機構）本部NARO開発戦略センター主任研究員。明治大学大学院農学研究科博士後期課程修了。博士（農学）。2021年より現職。
〔主要著書〕
『社会的企業をめざす農村女性たち 地域の担い手としての農村女性起業』筑波書房（2012年）、『食料・農業・農村の六次産業化』農林統計協会（2018年・分担執筆）

筑波書房ブックレット　暮らしのなかの食と農　65

農業経営多角化を担う女性たち
北ドイツの調査から

2021年4月20日　第１版第１刷発行

著　者　市田 知子・澤野 久美
発行者　鶴見 治彦
発行所　筑波書房
東京都新宿区神楽坂２－19 銀鈴会館
〒162－0825
電話03（3267）8599
郵便振替00150－3－39715
http://www.tsukuba-shobo.co.jp

定価は表紙に示してあります

印刷／製本　平河工業社
© 2021 Printed in Japan
ISBN978-4-8119-0595-2 C0036